U0323453

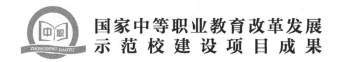

国家中等职业教育改革发展
示范校建设项目成果

普通车床加工技术工作页

putong chechuang jiagong jishu gongzuoye

主　编　蓝韶辉

副主编　赵耀庆

参　编　邓依婷　林华钊　刘　毅

知识产权出版社

全国百佳图书出版单位

责任编辑：石陇辉　　　　　　　责任校对：韩秀天

封面设计：刘　伟　　　　　　　责任出版：卢运霞

图书在版编目（CIP）数据

普通车床加工技术工作页/蓝韶辉主编．—北京：知识
产权出版社，2014.2
国家中等职业教育改革发展示范校建设项目成果
ISBN 978 - 7 - 5130 - 2195 - 1

Ⅰ.①普…　Ⅱ.①蓝…　Ⅲ.①车削—中等专业学校—
教材　Ⅳ.①TG510.6

中国版本图书馆 CIP 数据核字（2013）第 175890 号

国家中等职业教育改革发展示范校建设项目成果

普通车床加工技术工作页

蓝韶辉　主编

出版发行：知识产权出版社 有限责任公司		邮　　编：100088	
社　　址：北京市海淀区马甸南村 1 号		邮　　箱：bjb@cnipr.com	
网　　址：http://www.ipph.cn		传　　真：010－82005070/82000893	
发行电话：010－82000860 转 8101/8102		责编邮箱：shilonghui@cnipr.com	
责编电话：010－82000860 转 8175			
印　　刷：北京中献拓方科技发展有限公司		经　　销：新华书店及相关销售网点	
开　　本：787mm×1092mm　1/16		印　　张：9.25	
版　　次：2014 年 2 月第 1 版		印　　次：2014 年 2 月第 1 次印刷	
字　　数：199 千字		定　　价：28.00 元	

ISBN 978-7-5130-2195-1

审定委员会

序

根据《珠海市高级技工学校"国家中等职业教育改革发展示范校建设项目任务书"》的要求，2011 年 7 月至 2013 年 7 月，我校立项建设的数控技术应用、电子技术应用、计算机网络技术和电气自动化设备安装与维修四个重点专业，需构建相对应的课程体系，建设多门优质专业核心课程，编写一系列一体化项目教材及相应实训指导书。

基于工学结合专业课程体系构建需要，我校组建了校企专家共同参与的课程建设小组。课程建设小组按照"职业能力目标化、工作任务课程化、课程开发多元化"的思路，建立了基于工作过程、有利于学生职业生涯发展的、与工学结合人才培养模式相适应的课程体系。根据一体化课程开发技术规程，剖析专业岗位工作任务，确定岗位的典型工作任务，对典型工作任务进行整合和条理化。根据完成典型工作任务的需求，四个重点建设专业由行业企业专家和专任教师共同参与的课程建设小组开发了以职业活动为导向、以校企合作为基础、以综合职业能力培养为核心，理论教学与技能操作融合贯通的一系列一体化项目教材及相应实训指导书，旨在实现"三个合一"：能力培养与工作岗位对接合一、理论教学与实践教学融通合一、实习实训与顶岗实习学做合一。

本系列教材已在我校经过多轮教学实践，学生反响良好，可用做中等职业院校数控、电子、网络、电气自动化专业的教材，以及相关行业的培训材料。

珠海市高级技工学校

前　言

　　本书是数控技术应用专业优质核心课程的工作页。课程建设小组以数控技术应用职业岗位工作任务分析为基础，以国家职业资格标准为依据，以综合职业能力培养为目标，以典型工作任务为载体，以学生为中心，运用一体化课程开发技术规程，根据典型工作任务和工作过程设计课程教学内容和教学方法，按照工作过程的顺序和学生自主学习的要求进行教学设计并安排教学活动，共设计了6个学习任务，每个学习任务下设计了若干个学习活动，每个学习活动通过若干个教学环节，完成学习活动。通过这些学习任务，重点对学生进行车工的基本技能、岗位核心技能的训练，并通过完成普通车床加工技术典型工作任务的一体化课程教学达到与数控技术应用专业对应的数车、数铣/加工中心方向岗位的对接，实现"学习的内容是工作，通过工作实现学习"的工学结合课程理念，最终达到培养高素质技能人才的培养目标。

　　本书由我校数控技术应用专业相关人员与珠海格力大金精密模具有限公司等单位的行业企业专家共同开发、编写完成。本书由蓝韶辉担任主编，赵耀庆担任副主编，参加编写的人员有邓依婷、林华钊、刘毅，全书由赵耀庆统稿，陈强、刘毅、郑子干、蓝韶辉对全书进行了审稿与指导工作。本书在编写过程得到过张秀红、朱雪华老师的支持帮助，在此表示衷心的感谢！

　　由于时间仓促，编者水平有限，加之改革处于探索阶段，书中难免有不妥之处，敬请专家、同仁给予批评指正，为我们的后续改革和探索提供宝贵的意见和建议。

编　者

目　　录

学习任务一
车间管理章程及车床基本操作

【学习目标】

（1）能按照车间安全防护规定穿戴劳保用品，执行安全操作规程，牢固树立正确的安全文明操作意识。

（2）能查阅 CA1640 车床使用手册。

（3）能描述 CA6140 车床的组成、结构、功能，指出各部件的名称和作用，并能按车床的安全操作规程操作。

（4）能检查机床功能完好情况，按操作规程进行加工前机床润滑、预热等准备工作。

（5）能按车间现场 6S 管理标准，正确布置工作环境。

（6）能按车间规定，保养机床，填写保养记录。

（7）能按车间规定填写交接班记录。

【建议学时】

28 课时。

【工作情景描述】

学生参观机械加工车间，观察老师现场操作车床，学习车床的安全操作规程、实训场 6S 管理章程、车床的结构和基本操作、车床日常维护保养知识。

【工作流程与内容】

学习活动一：车间管理章程	2 课时
学习活动二：车床结构与维护	4 课时
学习活动三：车床的基本操作	12 课时
学习活动四：台阶轴的加工	6 课时
学习活动五：工作总结与评价	4 课时

学习活动一　车间管理章程

【学习目标】

（1）了解车床的安全操作规程。

（2）了解车间工作场所的 6S 现场管理章程。

【建议学时】

2 课时。

【学习地点】

车工实训场地。

【学习引导】

一、安全守则

（1）进入车间工作时应穿好_____。女同学应戴_____，将长发塞入帽子里。禁止穿拖鞋、凉鞋、短裤、裙子、高跟鞋等上机操作。

（2）开机前，应检查各部位手柄是否处在正确的位置。每天早上开最低转速热机____分钟后方再进行切削加工。

（3）_____应按要求摆放整齐，主轴箱上禁止摆放过多的杂物。

（4）操作时，头不要靠近工件太近，以防切屑飞入眼中。为防切屑崩碎飞入必须戴____。

（5）操作时，必须集中精力，注意_____不能靠近正在旋转的工件，如带轮、皮带、齿轮等。

（6）严格遵守_____的规章制度，机床运转中，操作者不得离开岗位。

（7）工件和刀具应装夹牢固，以防飞出伤人。_____应在装夹或松动工件后随即取下。

（8）凡装卸工件、更换刀具、测量加工表面以及变换主轴转速时，必须先_____。

（9）不能用手直接拉扯车削过程中的铁屑，应用专用的_____清除。

（10）6S 现场管理有_____、_____、_____、_____、_____、_____。

（11）严禁主轴卡盘转动时变速，必须先_____。

二、纪律守则

（1）严禁在实训场所充电，不能_____。

（2）操作机床时，必须_____，不得在车间内说笑打闹、扎堆聊天。

（3）不能在车间吃东西、打牌、_____等，做与上课无关的事。

（4）因如特殊原因需要_____，需向责任老师说明情况，经责任老师同意后按要求在离岗登记表上作登记，不能随意离开实训场地。

三、卫生守则

1. 小组职责

(1) 清洁机床时应先关_____，收拾好工具、量具，并摆放整齐。

(2) 清理铁屑时应使用_____或_____，清洁完毕后，机床各部件应停在适当的位置。

(3) 机床各导轨应按要求_____并加油润滑。

(4) 放学后应将_____锁好。

2. 值日生职责

(1) 中午打扫干净_____和_____公共区，并将桌椅、清洁工具等摆放整齐。

(2) 关灯、_____、_____并清倒垃圾。

(3) 下午除了上面的工作外，教学区和实训场公共区需要_____。

(4) 打扫完卫生后值日生需要检查小组卫生情况，并填写_____。

(5) 每周周五下午放学进行_____。

(6) 没有值日的同学或者老师检查到没做好卫生的同学，需要_____。

【想一想】

(1) 我们收集到一些图片（见表1-1），反映了车工哪些工作内容？请你说明其重要之处。

表1-1

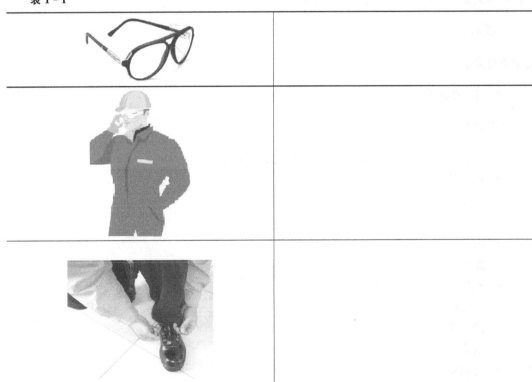

（2）请列出你听说的在机加工车间发生的事故，你应采取什么措施防范？

学习活动二　车床结构与维护

【学习目标】

（1）熟悉车床各部分结构、名称和功能。

（2）能进行车床的日常维护保养。

【建议学时】

4 课时。

【学习地点】

车工实训场地。

【学习引导】

（1）在车床图 1-1 上指出下列部位并写出对应顺序。

- 主轴箱
- 刀架
- 尾座
- 床身
- 丝杆
- 光杠
- 操纵杆
- 溜板箱
- 床脚
- 进给箱
- 交换齿轮箱

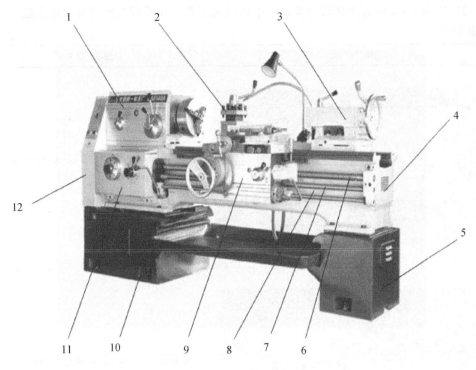

图 1-1　CA6140 型车床

（2）图 1-2 为溜板箱，写出各部位名称。

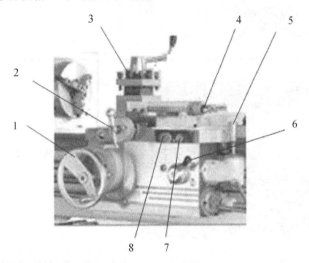

图 1-2　溜板箱

1. _____　2. _____　3. _____　4. _____

5. _____　6. _____　7. _____　8. _____

（3）在表 1-2 中写出床鞍刻度盘、中滑板刻度盘、小滑板刻度盘的使用方法。

表 1-2

图　示	使用方法
	床鞍向左纵向进给 100mm，床鞍刻度盘_____时针转过_____格
	中滑板横向进给 1mm，中滑板刻度盘_____时针转过_____格
	小滑板向左纵向进给 1mm，小滑板刻度盘_____时针转过_____格

在表 1-3 中填写擦拭车床的步骤。

表 1-3

步骤	图 例

步　骤	图　例
	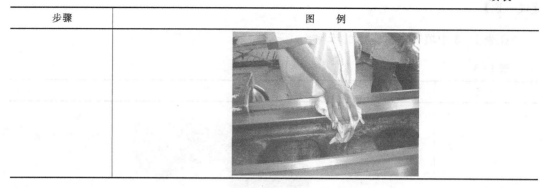

【想一想】

　　表 1-4 是车床的润滑内容，请写出润滑方式。

表 1-4

部位	润　滑　点	润滑方式	润滑油
主轴箱	油窗 / 油管 / 齿轮 / 油泵 机床厂 CA614J		牌号 L-AN46 的润滑油
进给箱和溜板箱	油绳导油润滑 进给箱 溜板箱		

部位	润　滑　点	润滑方式	润滑油
三杠轴颈	 后托架储油池的油润滑 弹子油杯润滑 丝杠左端的弹子油杯润滑		牌号 L－AN46 的润滑油
床鞍导轨面和刀架部分			
尾座			

部位	润 滑 点	润滑方式	润滑油
交换齿轮箱中间齿轮	中间齿轮油		2号钙基润滑脂

学习活动三 车床的基本操作

【学习目标】

（1）能按照车间安全防护规定穿戴劳保用品，执行安全操作规程。

（2）能检查机床功能完好情况，按操作规程进行加工前机床润滑、预热等准备工作。

（3）能操作大拖板、中拖板、小拖板进退刀。

（4）根据需要，按车床铭牌对各手柄位置进行调整。

（5）能正确安装车刀，使用车刀进行切削体验。

（6）能按车间规定，整理现场，保养机床，填写保养记录。

【学习地点】

车工实训场地。

【建议学时】

12 课时。

【任务描述】

通过车削光轴图 1-3，学习车床的基本操作，并熟悉车间的安全操作规程和车间 6S 知识等，完成零件的加工以及回答工作页中提出的问题。

【学习引导】

（1）除图 1-4 车刀对中心的方法外，还有哪些方法？

（2）找出图 1-5 中的装刀错误，车削时会出现什么情况？

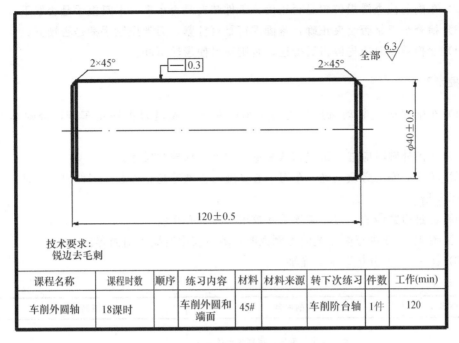

技术要求:
锐边去毛刺

课程名称	课程时数	顺序	练习内容	材料	材料来源	转下次练习	件数	工作(min)
车削外圆轴	18课时		车削外圆和端面	45#		车削阶台轴	1件	120

图 1-3 光轴

图 1-4 顶尖校正车刀中心高度

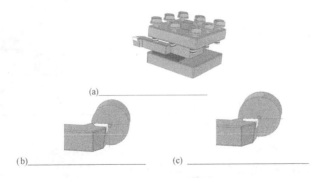

图 1-5 车刀的错误装夹

【安全提示】

(1) 用手动进给练习时,应把有关进给手柄放在空挡位置;

11

（2）车削前检查滑板位置是否正确，工件装夹是否牢靠，卡盘扳手是否取下；

（3）检查车刀是否装夹正确，紧固螺钉是否拧紧，刀架压紧手柄是否锁紧；

（4）变换转速时应先停机后变速，否则容易使齿轮折断。

【操作提示】

（1）车削时应先起动机床后进刀，车削完毕时先退刀再停止车床，否则车刀容易损坏。

（2）车削外圆时应进行试刀和试测量，才可合理控制尺寸。

（3）车刀的安装必须正确，车刀中心高度与主轴等高，外圆车刀伸出长度是车刀厚度的 $1\sim1.5$ 倍。

（4）经过刃磨削的车刀，必须重新校正车刀中心高度。

（5）看表 1-5 中车削工艺的图例说明，填写表中所缺车削内容。

（6）按表 1-6 分析车削的光轴。

表 1-5

车削步骤	车削内容	图例及说明
（1）毛坯伸出三爪自定心卡盘约 25mm，利用划针找正，如图所示	1）用卡盘轻轻夹住毛坯，将划线盘放置在适当位置，将划针尖端触向工件悬伸端外圆柱表面 2）将_____手柄置于空挡，用手轻拨卡盘使其缓慢转动，观察划针尖与_____接触情况，并用铜锤轻击工件悬伸端，直至划针与_____全圆周上的隙_____，找正结束	 找正后夹紧工件
（2）安装车刀	安装 45°车刀与 90°车刀	
（3）用 45°车刀车端面 A	1）取背吃刀量 $a_p=$ _____ mm，进给量 $f=$ _____ mm/r，车床主轴转速为_____ r/min 2）用 45°车刀车端面_____即可，表面粗糙度达到要求	

车削步骤	车削内容	图例及说明
（4）车定位台阶	用90°外圆车刀粗车_____台阶 $\phi40mm$ ×50mm	
（5）将工件调头，粗车另一端外圆	1）将工件调头，毛坯伸出三爪自定心卡盘约_____mm，找正后夹紧 2）对刀→进刀→试车→测量→粗车右端外直径控制为 $\phi40\pm0.3mm$，长度尺寸控制为_____mm 3）车端面B并保证总长_____mm	

表 1－6

序号	检测项目		分值（分）	评分标准	自己检测	老师检测	得分
1	$\phi40\pm0.5$		20	超0.1扣5分			
2	120 ± 0.5		20				
3	接刀刀痕：直线度 0.3 ± 0.1		15				
4	表面粗糙度 Ra6.3（3处）		15	超一级扣3分			
5	$2\times45°$（2处）		10	超差不得分			
6	安全文明操作	工作服穿戴整齐	5	违章无分			
7		操作车床、刃磨车刀时戴眼镜	5				
8		工卡量具摆放整齐	5				
9		机床保养和卫生	5				

总分（100）：

指导教师意见	指导教师：指导教师：　　　年　　月　　日

13

学习活动四　台阶轴的加工

【学习目标】

(1) 了解车削运动和切削用量的基本概念。
(2) 能合理地选择切削用量。
(3) 掌握试车、试测的方法。
(4) 利用游标卡尺在线测量外圆、长度。
(5) 能按要求完成本次学习活动工作页的填写。

【学习地点】

车工实训场。

【建议学时】

6 课时。

【任务描述】

同学们完成车削光轴的活动后，对轴类零件的加工有一个初步的了解。本次学习活动是根据自己制定的加工工艺进行台阶轴加工，并回答工作页中提出的问题。

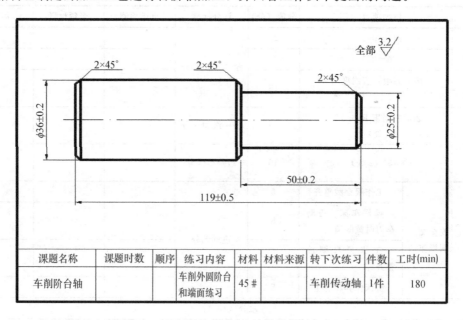

课题名称	课题时数	顺序	练习内容	材料	材料来源	转下次练习	件数	工时(min)
车削阶台轴			车削外圆阶台和端面练习	45#		车削传动轴	1件	180

图 1-6　台阶轴图样

车削是在车床上利用工件的旋转运动和刀具的直线运动（或曲线运动）来改变毛坯的

14

形状和尺寸，将毛坯加工成符合图样要求的工件。前面我们已对车床和车刀有了一定的认识，在正式车削前还必须掌握切削用量等车削的基础知识。

本任务通过简单的车削来体验理解切削用量的概念（见图1-7），并学会如何合理地选择切削用量。同学们在体验时可以用各种不同硬度的材料和不同的刀具进行切削，让自己对车削有总体认识，同时理解选择切削用量的意义。

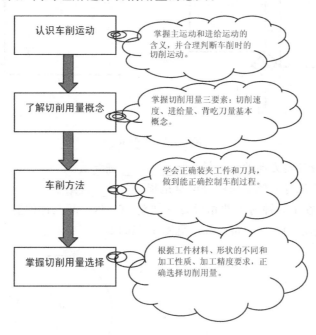

图1-7　切削用量的选择

【学习引导】

（1）分析图1-8外圆车削加工，你知道什么运动是主运动、什么运动是进给运动？

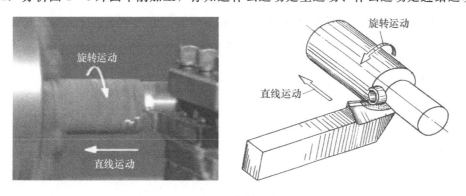

图1-8　车削运动

旋转运动：＿＿＿＿＿＿＿＿＿＿＿＿＿＿＿＿＿＿＿＿＿＿＿＿＿＿＿＿＿＿＿

直线运动：＿＿＿＿＿＿＿＿＿＿＿＿＿＿＿＿＿＿＿＿＿＿＿＿＿＿＿＿＿＿＿

（2）进给量是衡量＿＿＿＿＿＿运动大小的参数，如图1-8所示中的进给量 f，单位为

mm/r。根据进给方向的不同，如图1-9所示进给量又分两种。

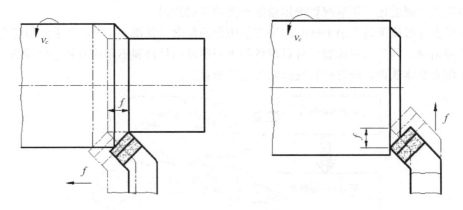

图1-9　进给量

1）沿车床床身导轨方向的进给量是指_____进给量。

2）垂直于车床床身导轨方向的进给量是指_____进给量。

（3）车削时，在1分钟内工件相对刀具转动460转，而工件的直径是$\phi30$mm，求车刀的切削速度？（速度的单位：m/min，见图1-10）

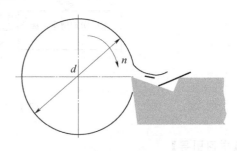

图1-10　切削速度

（4）在CA6140型卧式车床上车削$\phi30$mm的外圆，选择切削速度为45m/min，主轴转速是多少？最终在车床上选取的主轴转速又是多少？

（5）计算下列两题，比较计算结果，想一想为什么。

1）已知工件待加工表面直径为$\phi28$mm，现一次进给车至直径为$\phi21$mm，求背吃a_p

（见图 1-11）。

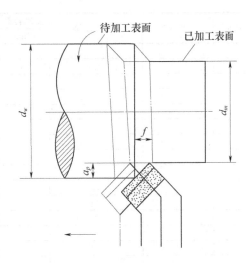

图 1-11　车削外圆背吃刀量 a_p

2）已知工件待加工表面直径为 $\phi21\text{mm}$，现一次进给车至直径为 $\phi28\text{mm}$，求背吃刀量 a_p。

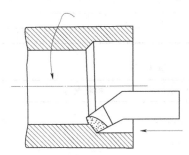

图 1-12　车削内孔背吃刀量

（6）根据自己完成以上的相关内容后，请填写表 1-7 工序卡及表 1-8。

表 1-7

台阶轴加工工序卡片	产品型号		零件图号				
	产品名称		零件名称		共　　页		第　　页
	车间	工序号	工序名称		材 料 牌 号		
	毛 坯 种 类	毛坯外形尺寸	每毛坯可制件数		每 台 件 数		
	设备名称	设备型号	设备编号		同时加工件数		
	夹具编号		夹具名称		切削液		
	工位器具编号		工位器具名称		工序工时（分）		
					准终		单件

工步号	工步内容	工 艺 装 备	主轴转速 r/min	切削速度 m/min	进给量 mm/r	切削深度 mm	进给次数	工步工时 机动	辅助
			设计（日期）	校对（日期）	审核（日期）	标准化（日期）		会签（日期）	

表 1－8

序号	检测项目	分值（分）	评分标准	自己检测	老师检测	得分
1	$\phi36\pm0.2$	15				
2	$\phi25\pm0.2$	15	超 0.1 扣 5 分			
3	50 ± 0.2	15				
4	119 ± 0.5	15				
5	Ra3.2μm（5 处）	25	超一级扣 3 分			
6	倒角 2×45°	6（3 处）	超差不得分			
7	安全文明操作	9	工作服穿戴整齐工卡量具摆放整齐、操作完后认真保养机床满分，违章无分			
		总分（100）：				

指导教师意见	指导教师： 年 月 日

学习活动五 工作总结与评价

【学习目标】

（1）能根据自己完成台阶轴的情况，进行总结。

（2）能主动获取有效信息，展示工作成果，对学习与工作进行反思总结，并能与他人良好合作，进行有效的沟通。

【学习地点】

车工实训场。

【建议学时】

4 课时。

【学习引导】

总结（根据自己完成台阶轴的情况，回想完成的过程，自己学到了哪些知识？自己还存哪些不足，应如何去改善?）

_____

_____

_____

_____

_____

_____

【知识扩展】

（请查相关手册完成）

总结本次任务，填写表 1-9 中减小表面粗糙度值的方法。

表 1-9

序号	表面粗糙度值大的现象	图　　示	解决方法
1	残留面积高度过高	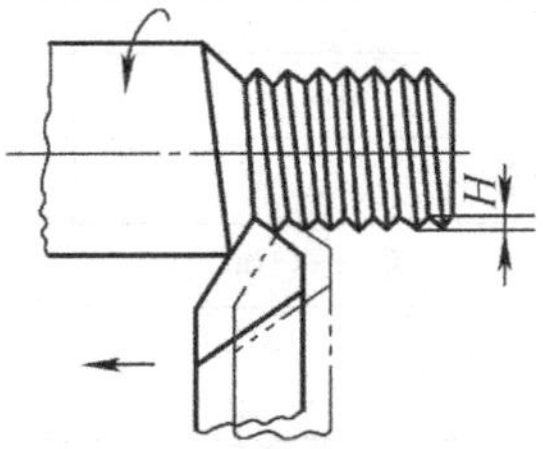	

序号	表面粗糙度值大的现象	图 示	解决方法
2	表面毛刺	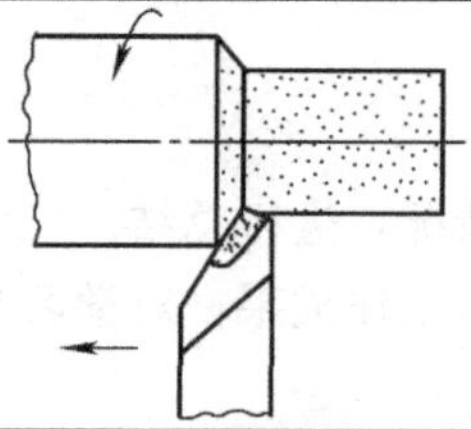	
3	切屑拉毛	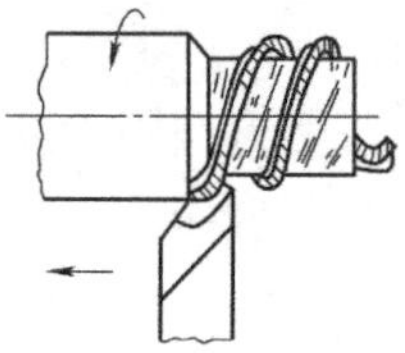	
4	振纹	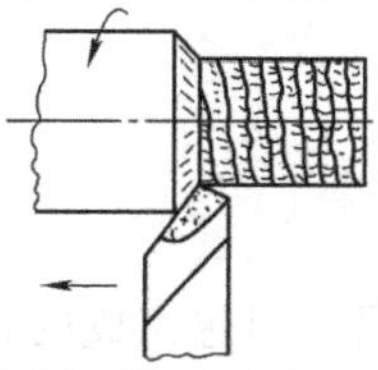	

1) 按用途分刀具有哪几类：_____

2) 刀具的材料分类：_____

3) 硬质合金的分类：_____

4) 传动轴一般的材料有：_____

5) 中碳钢的性能和用途：_____

【评价与分析】

填写成果展示的评价表（见表1-10）和任务综合评价表（见表1-11）。

表1-10　　　　　　　　　　　成果展示汇报评价表

序号	评分项目	分值（分）	小组评价30%	教师评价70%
1	紧扣主题，内容充实，文字优美	20		
2	声音洪亮，普通话标准流利	20		
3	表达清楚，语言流畅，声情并茂	15		
4	服装整洁，仪表端庄	15		
5	时间限制（限时3～6分钟）	10		
6	PPT制作质量（内容、图片等）	20		
总分（100）：				
指导教师意见			指导教师：　　　年　　月　　日	

表 1-11

序号	评分项目	分值（分）	成绩记录	总评成绩
1	零件质量	50		
2	工作页质量	10		
3	成果展示汇报	15		
4	考勤	10		
5	6S执行（值日、机床卫生、量具摆放、工具柜设置）	5		
6	安全文明生产（穿工服、鞋，戴防护眼镜，车削规范操作）	5		
7	车间纪律（玩手机、睡觉、喧哗打闹、打牌、充电、乱丢垃圾等违纪）	5		
总分（100）：				
指导教师意见		指导教师：　　年　月　日		

学习任务二
车削传动轴

【学习目标】

(1) 能独立阅读传动轴的生产任务书，明确工时、加工数量等要求。

(2) 能识读传动轴的图样和工艺卡，根据本任务查阅国家标准等相关资料，制定加工工步。

(3) 能查阅相关资料，了解中碳钢、硬质合金的牌号、用途、性能。

(4) 能运用切削速度计算公式，计算相应的转速，合理选用切削用量。

(5) 能识别常用刀具材料（高速钢、硬质合金），根据零件材料和形状特征，合理选择刀具。

(6) 能掌握车刀切削部分的几何角度及其用途。

(7) 能根据刀具的材料选择合适的砂轮，按照规范的刃磨方法，安全地刃磨车刀。

(8) 能正确装夹工件和车刀。在加工过程中，能通过采取有效措施，合理断屑。

(9) 能根据现场条件，查阅相关资料，确定符合技术要求的工具、量具、夹具，辅件及切削液。

(10) 能主动获取有效信息，展示工作成果，对学习与工作进行总结反思，能与他人合作，进行有效沟通。

【建议学时】

54 课时。

【工作情景描述】

学校接了一批传动轴，数量为 50 件，工期为 5 天，来料加工，毛坯尺寸见图样（图 2-1）。现学校对外加工部门安排我车床加工组完成此加工任务。

【工作流程与内容】

学习活动一：传动轴工艺分析　　　　　　　　　4 课时

学习活动二：工具、量具、夹具、刃具的准备　　4 课时

学习活动三：传动轴粗加工　　　　　　　　　　24 课时

学习活动四：传动轴精加工　　　　　　　　　　18 课时

学习活动五：工作总结与评价　　　　　　　　　4 课时

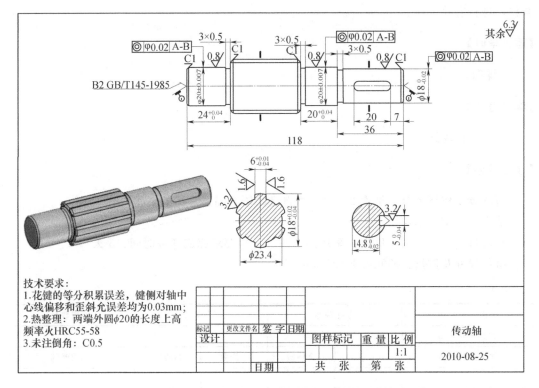

图 2-1 传动轴毛坯尺寸图样

学习活动一 传动轴工艺分析

【学习目标】

(1) 能独立阅读传动轴的生产任务书，明确工时、加工数量等要求。

(2) 能识读传动轴的图样和工艺卡，根据本任务查阅国家标准等相关资料，制定加工工步。

(3) 能查阅相关资料，了解中碳钢、硬质合金的牌号、用途、性能。

(4) 能运用切削速度计算公式，计算相应的转速，合理选用切削用量。

(5) 能识别常用刀具材料（高速钢、硬质合金），根据零件材料和形状特征，合理选择刀具。

(6) 能掌握车刀切削部分的几何角度及其用途。

(7) 能根据刀具的材料选择合适的砂轮，按照规范的刃磨方法，安全地刃磨车刀。

(8) 能正确装夹工件和车刀。在加工过程中，能通过采取有效措施，合理断屑。

(9) 能根据现场条件，查阅相关资料，确定符合技术要求的工具、量具、夹具，辅件及切削液。

(10) 能主动获取有效信息，展示工作成果，对学习与工作进行总结反思，能与他人合作，进行有效沟通。

【建议学时】

4 课时。

【学习地点】

车工实训场地。

【学习引导】

请阅读工作任务单（见表 2-1），用自己的语言描述具体的工作内容。

认识零件施工单：

投放日期：　　　　　　班组：车床加工组　　　　要求完成任务时间：5 天

材料尺寸及数量：φ30mm×125mm，100 件

表 2-1

图　号	零件各称		计划数量	完成数量
2010-08-25	传动轴		100	
加工成员姓名	工序	合格数	工废数	料废数	完成时间
班组质检				抽检	
总质检					

轴是机器中的重要零件之一，用来支持旋转零件（如带轮、齿轮），传递运动和转矩。台阶轴通常由圆柱面、阶台、端面等组成。当轴类零件的精度要求较高，在车削时除了要保证尺寸精度和表面粗糙度外，还应保证其形状和位置精度的要求。

【引导问题】

（1）传动轴有什么用途？

（2）传动轴花键部分（见图 2-2）有什么作用？用什么设备加工而成的？

图 2-2 传动轴花键

（3）传动轴键槽部分（见图 2-3）有什么作用？用什么设备加工而成的？

_____

_____

图 2-3 传动轴键槽

（4）外圆槽（见图 2-4）3mm × 0.5mm 有什么作用，用什么刀具来完成任务？

_____

_____

图 2-4 外圆槽

（5）两级外圆 $\phi20\pm0.007$mm 有什么作用，高频淬火有什么目的，什么时候进行高频淬火 HRC55～HRC58？

_____

_____

（6）传动轴图样中有什么形位公差？该形位公差有什么作用？

_____

_____

（7）请填写表 2-2 中的工艺卡（温馨提示：请参考车工工艺）。

表 2-2

（单位名称）		施工工艺卡	产品名称		图号			
			零件名称		数量		第　页	
材料种类	材料成分	毛坯尺寸	共　页					
工序	工步	工序内容		车间	设备	工具		计划工时	实际工时
						夹具	量刃具		

25

（单位名称）	施工工艺卡	产品名称		图号			
		零件名称		数量			第　页

材料种类	材料成分	毛坯尺寸		共　页						

工序	工步	工序内容	车间	设备	工具		计划工时	实际工时
					夹具	量刃具		
更改号			拟定	校正	审核		批准	
更改者								

学习活动二　工具、量具、夹具、刃具的准备

【学习目标】

（1）能合理准备车削传动轴的相关工具。

（2）了解常用车刀类型和材料的牌号、用途、分类及性能。

（3）掌握常用车刀及车刀材料的选用方法。

（4）能理解车刀切削部分组成及几何角度。

（5）能规范刃磨90°合金外圆车刀和45°合金外圆车刀及切槽刀。

（6）能正确测量车刀几何角度。

（7）能按传动轴的图样要求，测量毛坯外形尺寸，判断毛坯是否有足够的加工余量。

（8）能画出传动轴的粗加工工序图。

【建议学时】

4课时。

【学习地点】

教室、车工实训场地。

【学习引导】

（1）选择设备和工具（见表2-3）。

分析图样后，在表中横线处填写怎样使用该设备和工具进行工件加工。

表2-3

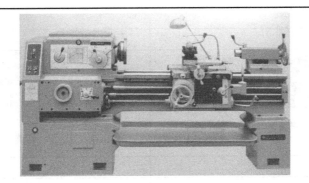

CA6140 车床

_____

_____

外圆磨床

砂轮

_____

_____

_____

_____

铣床

划针盘

90°外圆车刀

45°车刀

切槽刀（切断刀）

中心钻

活顶

呆扳手

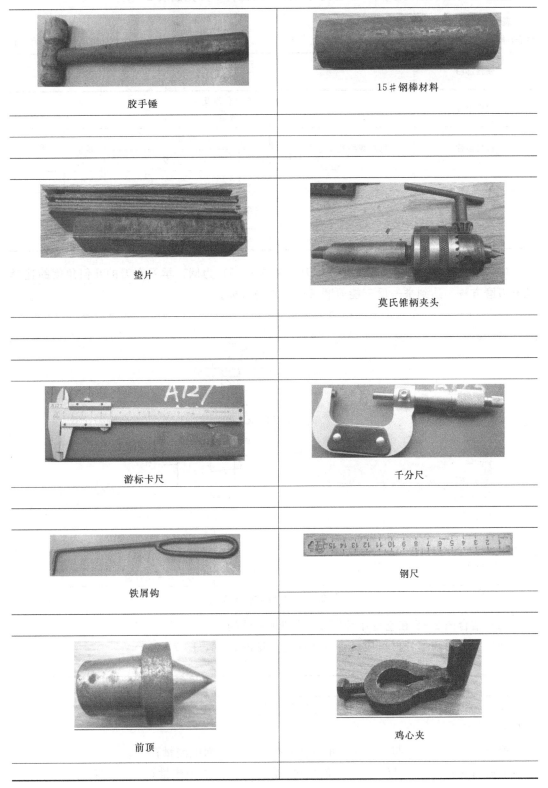

胶手锤	15♯钢棒材料
垫片	莫氏锥柄夹头
游标卡尺	千分尺
铁屑钩	钢尺
前顶	鸡心夹

（2）以情景模拟的形式，体验到材料库领取材料，并完成表 2-4。

表 2-4

填表日期： 年 月 日　　　　　　　　　　　　　　　　发料日期： 年 月 日

领料部门		产品名称及数量				
领料单号		零件名称及数量				
材料名称	材料规格及型号	单位	数量		单价	总价
			请领	实发		
材料说明用途		材料仓库	主管	发料数量	领料部门	主管

（3）收集信息：以 90°硬质合金车刀（见图 2-5）为例，学习车刀的几何角度的选择及其刃磨方法，达到举一反三能刃磨其他刀具的目标。

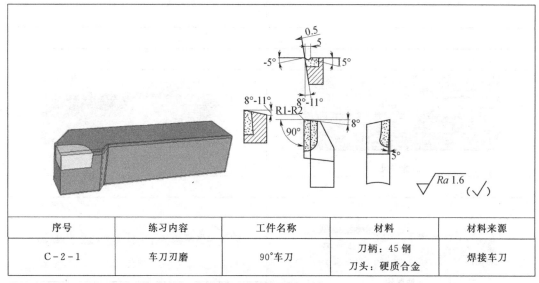

序号	练习内容	工件名称	材料	材料来源
C-2-1	车刀刃磨	90°车刀	刀柄：45 钢 刀头：硬质合金	焊接车刀

图 2-5　90°硬质合金车刀

（4）结合图 2-5 在空框中填写 90°外圆车刀结构。

（5）车刀切削部分材料应具备哪些性能（见图 2-6、图 2-7）？

_____

_____

（6）90°外圆车刀的主要保证的刀具角度是什么？在哪些辅助平面（见图 2-8）中测量？

前角 γ_0：_____ 与 _____ 的夹角，在 _____ 面中测量；

主后角 α_0：_____ 与 _____ 的夹角，在 _____ 面中测量；

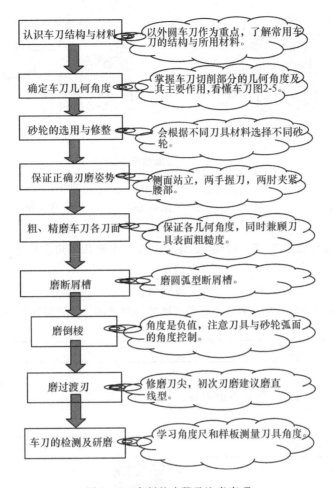

图 2-6 车削的步骤及注意事项

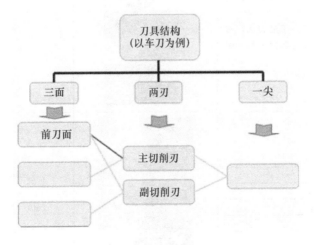

图 2-7 车刀的结构及用途

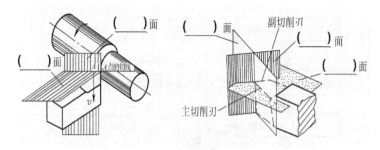

图 2-8 辅助测量平面

主偏角 Kr : _____ 与 _____ 的夹角，在 _____ 面中测量；

副偏角 Kr' : _____ 与 _____ 的夹角，在 _____ 面中测量。

刃倾角 λs : _____ 与 _____ 的夹角，在 _____ 面中测量。

（7）对照实物看懂图 2-5，说明 90°外圆车刀的主要几何角度值是多少。

前角：_____ 主后角：_____ 主偏角：_____

主偏角：_____ 副偏角：_____ 刃倾角：_____

（8）常用砂轮的种类有哪几种？本任务刃磨车刀的刀柄与切削部分各需采用哪种砂轮？

种类：_____

刀柄：_____

切削部分：_____

（9）填写表 2-5 中 90°车刀刃磨内容。

表 2-5

步骤	刃磨内容	提 示	
刃磨前刀面	刃磨要求：去除焊渣，控制前角为 0°。 刃磨方法：左手捏刀头，右手握刀柄，刀柄保持平直，磨出前面。		
刃磨主后刀面	刃磨要求：_____ _____ 刃磨方法：_____		

32

步骤	刃磨内容	提　示	
刃磨副后刀面	刃磨要求：_____ _____ 刃磨方法：_____ _____		
刃磨断屑槽	刃磨要求：_____ _____ 刃磨方法：_____ _____		
刃磨倒棱	刃磨要求：_____ _____ 刃磨方法：_____ _____		
刃磨刀尖	刃磨要求：_____ _____ 刃磨方法：_____ _____		

步骤	刃磨内容		提　示
修 磨 各刀面	刃磨要求：_____ _____ _____ 刃磨方法：_____ _____ _____		用油石研磨车刀

【操作提示】

（1）车刀接触砂轮后应作左右方向水平移动；车刀离开砂轮时，刀尖需向上抬起，以免砂轮碰伤已磨好的刀刃。

（2）车刀刃磨时，刀柄应控制在砂轮水平中心，刀头按所需角度上翘，否则会出现角度过大或过小等弊端。

（3）刃磨时，砂轮旋转方向必须由刃口向刀体方向转动，以免使刀刃出现锯齿形缺陷。

（4）判断图 2-9 中样板分别用于测量 90°车刀的哪些角度？

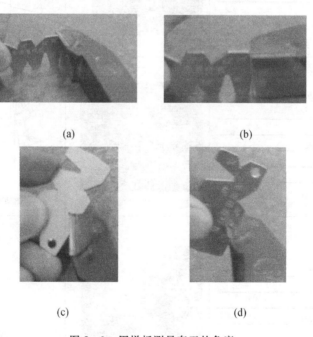

(a)　　　　　　　　　　　(b)

(c)　　　　　　　　　　　(d)

图 2-9　用样板测量车刀的角度

34

【安全提示】

（1）新安装的砂轮必须经严格检查。在使用前要检查外表有无裂纹，可用硬木轻敲砂轮，检查其声音是否清脆。如果有碎裂声必须重新更换砂轮。

（2）在试转合格后才能使用。新砂轮安装完毕，先点动或低速试转，若无明显振动，再改用正常转速，空转 10min，情况正常后才能使用。

（3）安装后必须保证装夹牢靠，运转平稳。砂轮机启动后，应在砂轮旋转平稳后再进行刃磨。

（4）砂轮旋转速度应小于允许的线速度，过高会爆裂伤人，过低又会影响刃磨质量。

（5）若砂轮跳动明显，应及时修整。平形砂轮一般可用砂轮刀（见图 2-10），在砂轮上来回修整，杯形细粒度砂轮可用金刚石笔或硬砂条修整。

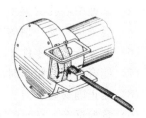

图 2-10　用砂轮刀修整砂轮

（6）使用平形砂轮时，应尽量避免在砂轮的侧面刃磨。

（7）车刀刃磨时，不能用力太大，以防打滑伤手。

（8）刃磨结束后，应随手关闭砂轮机电源。

【评价与分析】

填写表 2-6。

表 2-6

检测内容	检测所用方法	检测结果	是否合格
前角			
主后角			
副后角			
主偏角			
副偏角			
刀尖圆弧			
断屑槽			
倒棱			
切削刃直线度			
三个刀面粗糙度			
安全文明刃磨			

分析造成不合格项目的原因，并提出改进措施：

指导教师意见：

学习活动三　传动轴粗加工

【学习目标】

(1) 了解车削运动和切削用量的基本概念。

(2) 能运用切削速度的计算公式，计算相应的转速。

(3) 了解顶尖的类型和使用方法。

(4) 掌握中心孔的类型、钻削方法及钻中心孔容易出现的问题。

(5) 能采用一夹一顶的方法装夹工件。

(6) 能分析造成零件加工形位误差原因和预防方法。

(7) 能合理选择粗车时的切削用量。

(8) 能正确安装车刀。

(9) 掌握试车、试测的方法。

(10) 能利用游标卡尺在线测量外圆、长度。

(11) 掌握倒角的方法。

(12) 能按要求正确规范地完成本次学习活动工作页的填写。

【建议学时】

24 课时。

【学习地点】

车工实训场地。

【学习引导】

本学习活动环节，应先把任务一的台阶轴作为该工序的毛坯，按如图 2-11 所示传动轴粗车工序图粗车成形。

由于传动轴粗车后还要进行半精车和精车，直径尺寸应留 0.8～1mm 的精车余量，台阶长度留 0.5mm 的精车余量。因此，对工件的精度要求并不高，在选择车刀和切削用量时应着重考虑提高劳动生产率方面的因素。可采用一夹一顶装夹，以承受较大的切削力。

(1) 中心钻有几种类型？A 型中心孔和 B 型中心孔的区别是什么？车削传动轴的中心孔选用什么类型的中心钻（见图 2-12)?

_____

_____

_____

(2) 请看图 2-13 并结合实物，说明如何使用钻夹头装夹中心钻？

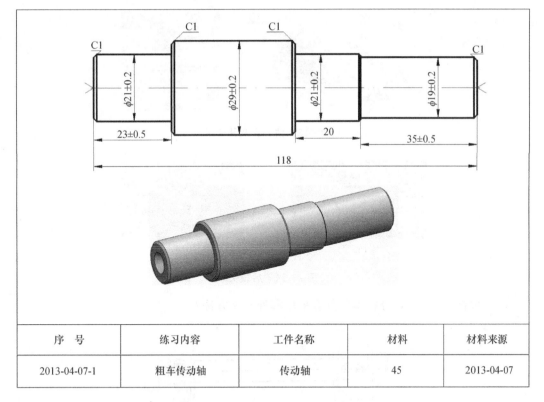

序　号	练习内容	工件名称	材料	材料来源
2013-04-07-1	粗车传动轴	传动轴	45	2013-04-07

图 2-11　传动轴粗车图样

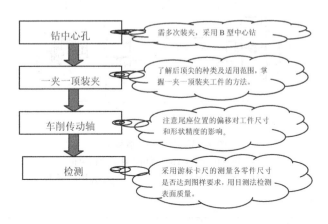

图 2-12　车削传动轴的步骤

（3）你能区分图 2-14 中的顶尖类型吗？它们各适用哪些场合？本任务使用的后顶尖是哪种？

（a）＿＿＿＿＿＿＿＿＿＿＿＿　　　　（b）＿＿＿＿＿＿＿＿＿＿＿＿

＿＿

＿＿

图 2-13 钻夹头及其使用

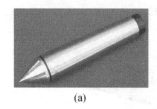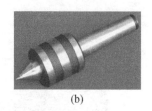

(a)   (b)

图 2-14 后顶尖

（4）根据图 2-15，分析本任务应采用哪种装夹方法？

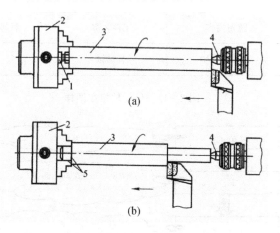

(a)

(b)

图 2-15 一夹一顶装夹
（a）用限位支承；（b）利用工件的台阶限位
1—限位支承；2—卡盘；3—工件；4—后顶尖 5—台阶

（5）看表 2-7 传动轴粗车工艺中的图例说明，填写表中所缺车削内容。

38

表 2 - 7

车削步骤	车削内容	图例及说明
（1）毛坯伸出三爪自定心卡盘约25mm，利用划针找正，如图所示	1）用卡盘轻轻夹住毛坯，将划线盘放置在适当位置，将划针尖端触向工件悬伸端外圆柱表面 2）将_____手柄置于空挡，用手轻拨卡盘使其缓慢转动，观察划针尖与_____接触情况，并用铜锤轻击工件悬伸端，直至划针与_____全圆周上的间隙_____，找正结束	
	3）找正后夹紧工件	
（2）安装车刀	安装45°车刀与90°车刀	
（3）用45°车刀车端面A	1）取背吃刀量 $a_p =$ ___ mm，进给量 $f =$ ___ mm/r，车床主轴转速为___r/min 2）用45°车刀车端面_____即可，表面粗糙度达到要求	
（4）用中心钻钻削中心孔	由于中心孔直径小，钻削时应取较_____的转速。进级量应小而均匀。当中心钻钻入工件时，加切削液，促使其钻削顺利、光洁。钻毕时应稍停留中心钻，然后退出，使中心孔_____	
（5）车定位台阶	用90°车刀粗车_____台阶 $\phi25mm×15mm$	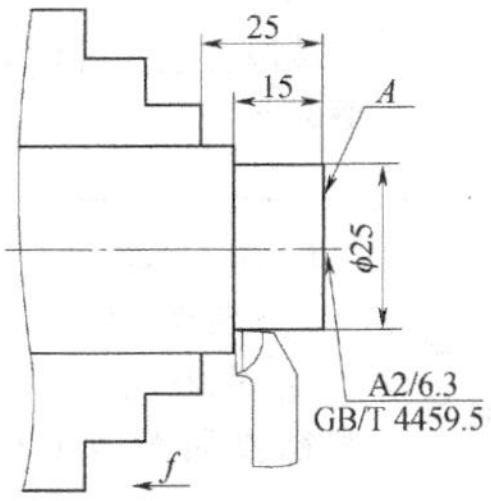

车削步骤	车削内容	图例及说明
（6）定总长，钻中心孔	1）将工件调头，毛坯伸出三爪自定心卡盘约_____mm，找正后夹紧 2）车端面 B 并保证总长_____mm，钻中心孔 A2mm/6.3mm	
（7）调整好车床尾座的前后位置，以保证工件的形状精度	1）一夹一顶装夹_____夹 $\phi25mm×15mm$ 外圆，用后顶尖支顶 2）车削整段外圆至一定尺寸（外径不能小于图样最终要求 $\phi28.5mm$），测量两端直径是否_____，如不同可通过调整尾座的横向偏移量来_____工件 3）若车出工件的右端直径小，左端直径大，尾座应向离开操作者的方向移动反之，尾座应向操作者方向移动	
（8）一夹一顶装夹，粗车各级外圆	1）夹住 $\phi25mm×15mm$ 外圆，用后顶尖支顶 2）选取进给量 $f=0.3\sim0.6mm/r$，车床主轴转速调整为 $400\sim700r/min$ 3）对刀→进刀→试车→测量→粗车右端外圆。直径控制为 $\phi29\pm0.2mm$ 4）粗车整段 $\phi29mm$ 的外圆（除夹紧处 $\phi25mm$ 外圆），背吃刀量 $a_p=$____ mm 5）你是采用_____测量	
	1）选取进给量 $f=0.3\sim0.6mm/r$，车床主轴转速调整为 $400\sim700r/min$ 2）对刀→进刀→试车→测量→粗车右端外圆。直径控制为 $\phi21\pm0.2mm$ 长度为_____mm 3）粗车整段 $\phi21mm$ 的外圆，背吃刀量 $a_p=$____ mm	
	1）选取进给量 $f=0.3\sim0.6mm/r$，车床主轴转速调整为 $400\sim700r/min$ 2）对刀→进刀→试车→测量→粗车右端外圆。直径控制为 $\phi19\pm0.2mm$，长度为_____mm 3）粗车整段 $\phi19mm$ 的外圆，背吃刀量 $a_p=$____ mm	
	选用_____车刀对各级外圆进行倒角，较为容易安全	
（9）将工件调头，粗车另一端外圆	1）用三爪自定心卡盘夹_____mm 处外圆，一夹一顶装夹工件 2）对刀→进刀→试车→测量→粗车右端外圆。直径控制为 $\phi21\pm0.1mm$，长度尺寸控制为_____mm	

40

（6）粗车传动轴时，采用一夹一顶装夹工件时出现了哪些问题？如何解决？

_____

_____

_____

_____

（7）请完成以上的相关内容后，请填写表2-8的工序卡。

表2-8

传动轴加工工序卡片		产品型号		零件图号				
		产品名称		零件名称		共 页	第 页	

车间	工序号	工序名称	材料牌号	
毛坯种类	毛坯外形尺寸	每毛坯可制件数	每台件数	
设备名称	设备型号	设备编号	同时加工件数	
夹具编号		夹具名称	切削液	
工位器具编号		工位器具名称	工序工时（分）	
			准终	单件

工步号	工步内容	工艺装备	主轴转速 r/min	切削速度 m/min	进给量 mm/r	切削深度 mm	进给次数	工步工时	
								机动	辅助
	设计（日期）	校对（日期）	审核（日期）	标准化（日期）	会签（日期）				

41

【操作提示】

（1）车削时应先启动机床后进刀，车削完毕时先退刀再停止车床，否则车刀容易损坏。

（2）车削外圆时应进行试刀和试测量，才可合理控制尺寸。

（3）中心孔的形状应正确，表面粗糙度值要小。装入顶尖前，应清除中心孔内的切屑或异物。

（4）在不影响车刀切削的前提下，尾座套筒应尽量伸出短些，以提高刚度。

（5）顶尖与中心孔的配合必须松紧合适。如果后顶尖顶得太松，工件则不能准确地定心，对加工精度有一定影响；并且车削时易产生振动，甚至会使工件飞出而发生事故。

【评价与分析】

填写表 2-9。

表 2-9

序号	检测内容	检测项目	配分		评分标准	自己检测	老师检测	得分
			IT	Ra				
1	尺寸精度和表面粗糙度	$\phi29\pm0.2$ Ra6.3	5	4	尺寸每超差0.1扣2分，表面粗糙度降一级扣2分			
2		$\phi21\pm0.2$ Ra6.3	5	4				
3		$\phi21\pm0.2$ Ra6.3	5	4				
4		$\phi19\pm0.2$ Ra6.3	5	4				
5		35 ± 0.5 Ra6.3	5	3				
6		23 ± 0.5 Ra6.3	5	3				
7		20 ± 0.2 Ra6.3	5	3				
8		118 ± 0.3 Ra6.3	5	3				
9		$2\times A2/6.3$ Ra6.3	5	3	超差不得分			
10		倒角 C1（4处）	3×4		超差不得分			
11	设备及工量刃具的使用维护	常用工具、量具、刃具的合理使用与保养	2		违章无分			
12		操作车床并及时发现一般故障	2					
13		车床的润滑	2					
14		车床的保养工作	2					
15	安全文明生产	正确执行安全技术操作规程	4					
16		工作服正确穿戴	4					

总分（100）：

教师指导意见

指导教师： 年 月 日

学习活动四　传动轴精加工

【学习目标】

传动轴精加工。

【建议学时】

18课时。

【学习地点】

车工实训场地。

【学习引导】

体验：在CA6140车床上采用两顶尖完成对图2-16所示传动轴的精车加工。

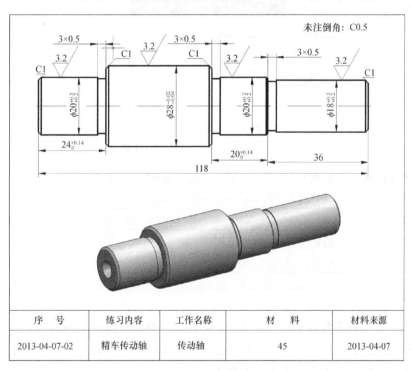

序　号	练习内容	工作名称	材　料	材料来源
2013-04-07-02	精车传动轴	传动轴	45	2013-04-07

图2-16　传动轴精车图样

（1）用两顶尖车削传动轴的流程如图2-17所示，图2-18中的1、2分别表示什么？各自有什么作用？

1的作用：＿＿＿＿＿＿＿＿＿＿＿＿＿＿＿＿＿＿＿＿＿＿＿＿＿＿＿＿＿＿＿＿＿＿＿

2的作用：＿＿＿＿＿＿＿＿＿＿＿＿＿＿＿＿＿＿＿＿＿＿＿＿＿＿＿＿＿＿＿＿＿＿＿

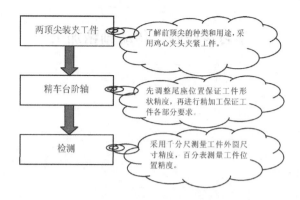

图 2-17 两顶尖车削的步骤

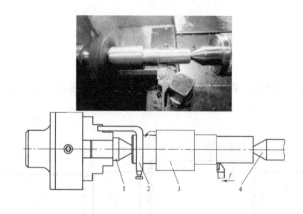

图 2-18 两顶尖装夹

1—＿＿＿＿＿；2—＿＿＿＿＿；3—工件；4—后顶尖

（2）请分析为什么需采用两顶尖车削传动轴？有哪些注意事项？

为什么：＿＿＿＿＿＿＿＿＿＿＿＿＿＿＿＿＿＿＿＿＿＿＿＿＿＿＿

注意事项：＿＿＿＿＿＿＿＿＿＿＿＿＿＿＿＿＿＿＿＿＿＿＿＿＿＿

（3）精车传动时，留磨量应在多少范围内？

＿＿＿＿＿＿＿＿＿＿＿＿＿＿＿＿＿＿＿＿＿＿＿＿＿＿＿＿＿＿＿＿

【安全提示】

（1）鸡心夹头必须牢靠地夹住工件，以防车削时移动、打滑，损坏车刀。

（2）车削开始前，应手摇手轮使床鞍左右移动全行程，检查有无碰撞现象。

（3）注意安全，防止鸡心夹头钩衣伤人。

【操作提示】

（1）当车至台阶面时，变纵向进给为横向进给，移动中滑板由里向外慢慢精车台阶平面，以确保其对轴线的垂直度要求。

（2）台阶端面与圆柱面相交处要清角（清根）。

44

（3）按传动轴精车工序图所示检查经过粗车的半成品，检测其尺寸是否留出磨削加工余量，形位精度是否达到要求。按照表 2-10 右侧图示顺序进行练习并填写车削内容。

表 2-10

车削步骤	车 削 内 容	图 示
（1）车削前顶尖	1) 用活扳手将小滑板转盘上的前后螺母松开 2) 小滑板逆时针方向转动____，使小滑板上的基准"0"线与____刻线对齐，然后锁紧转盘上的螺母，以保证前顶尖____ 3) 用双手配合均匀不间断地转动小滑板手柄，手动进给分层车削前顶尖的圆锥面 4) 再将转盘上的螺母松开，将小滑板恢复到原始____再紧固	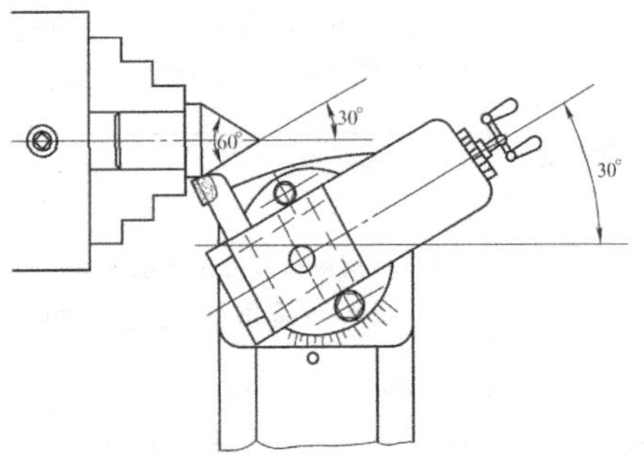
（2）在两顶尖间装夹工件	1) 用鸡心夹头夹紧传动轴左端____mm外圆处，并使夹头上的拨杆伸出工件轴端 2) 根据工件长度调整好尾座的位置并紧固 3) 右手托起工件，将夹有夹头一端工件的中心孔放置在前顶尖上，并使夹头的拨杆贴近卡盘的卡爪侧面 4) 同时右手摇动尾座手轮，使后顶尖顶入工件另一端的中心孔 5) 最后，将尾座套筒的固定手柄压紧	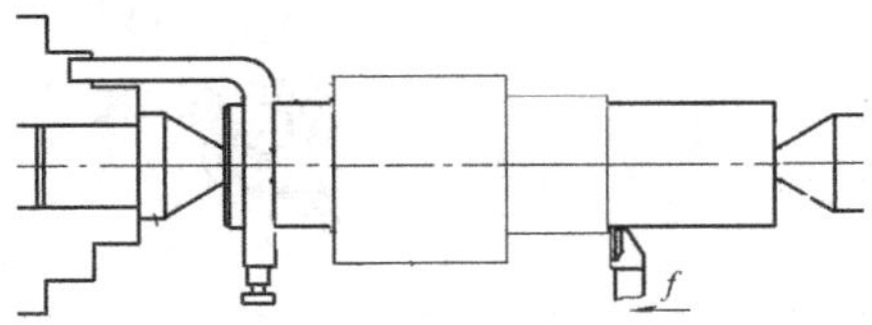
（3）选择切削用量	背吃刀量选取 $a_p=$____mm，进给量选取 $f=0.1\sim0.2$mm，转速用 $n=710\sim1600$r/min	
（4）半精车传动轴的右端	1) 两顶尖间装夹工件，启动车床，使工件回转 2) 将 90°车刀调整至工作位置，半精车____mm 的外圆，长度为____mm；表面粗糙度达到____μm 3) 你是采用____测量	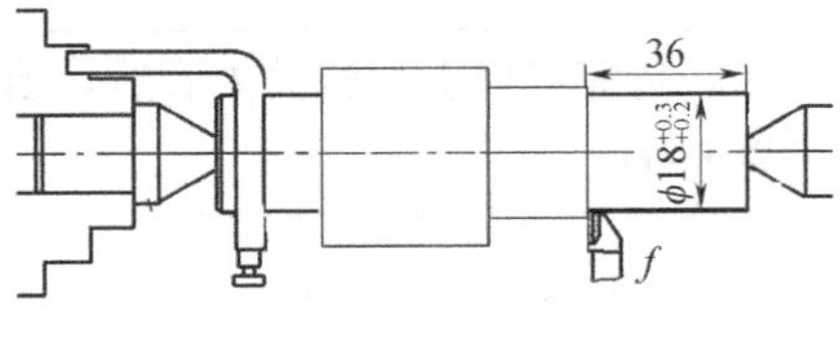
	4) 精车左端第二级外圆至____mm，长度为____mm，表面粗糙度达到____μm，圆柱度误差小于等于____mm	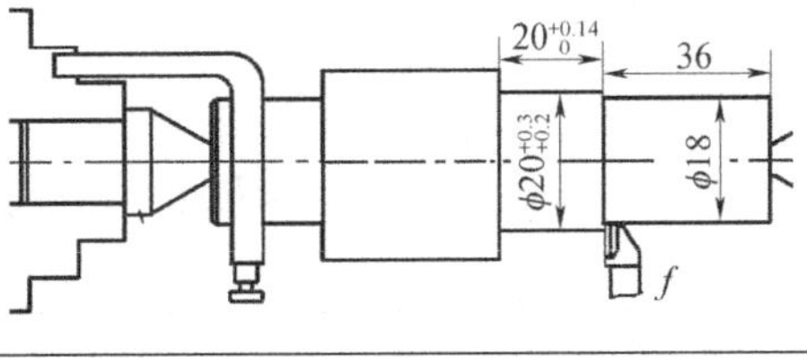
	5) 调整切槽刀，进行切槽 3mm×0.5mm；调整 45°车刀进行倒角外圆的端面处，倒角____mm	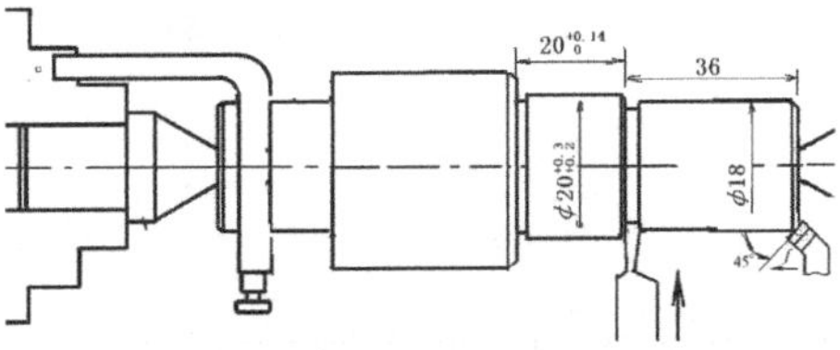

车削步骤	车削内容	图示
（5）精车轴的左端	1) 将工件调头，用两顶尖装夹（铜皮垫在 $\varphi 18mm$ 的外圆处） 2) 精车右端外圆至 _____ mm，长度 _____ mm，表面粗糙度达到 _____ μm，径向圆跳动误差小于等于 _____ mm	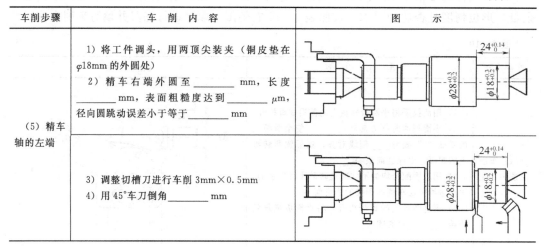
	3) 调整切槽刀进行车削 $3mm \times 0.5mm$ 4) 用 $45°$ 车刀倒角 _____ mm	

（4）为什么要对千分尺进行校零（见图 2-19）？如何校零？

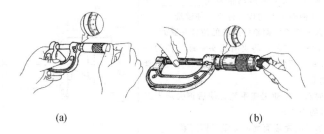

(a)　　　　　　　　　　(b)

图 2-19　千分尺校零示意图

（5）请完成以上的相关内容后，填写表 2-11 中的工序卡。

表 2-11

传动轴加工工序卡片		产品型号		零件图号			
		产品名称		零件名称		共　页	第　页
		车间	工序号	工序名称		材料牌号	
		毛坯种类	毛坯外形尺寸	每毛坯可制件数		每台件数	
		设备名称	设备型号	设备编号		同时加工件数	
		夹具编号		夹具名称		切削液	
		工位器具编号		工位器具名称		工序工时（分）	
						准终	单件

| 工步号 | 工步内容 | 工艺装备 | 主轴转速 | 切削速度 | 进给量 | 切削深度 | 进给次数 | 工步工时 | |
			r/min	m/min	mm/r	mm		机动	辅助
			设计（日期）	校对（日期）	审核（日期）	标准化（日期）	会签（日期）		

【操作提示】

（1）在车床保养时，必先把电源关闭，以免出现安全事故。

（2）在车床保养后，必须按 6S 要求把物资放置好。

47

【评价与分析】

填写表 2－12。

表 2－12

序号	检测内容	检测项目及分值			测量情况		
		检测项目	配分 IT Ra	评分标准	自己检测	老师检测	得分
1	主要尺寸	$\varphi 18^{+0.2}_{-0.3}$ $R_a 3.2\mu m$	3～8	超差不得分			
		$\varphi 20^{+0.2}_{-0.3}$ $R_a 3.2\mu m$	3～8	超差不得分			
		$\varphi 20^{+0.2}_{-0.3}$ $R_a 3.2\mu m$	3～8	超差不得分			
		$\varphi 28^{-0.04}_{-0.33}$ $R_a 3.2\mu m$	3～8	超差不得分			
		$24^{+0.14}_{0}$	8	超差不得分			
		$20^{+0.14}_{0}$	8	超差不得分			
		36 ± 0.2	3	IT14 超差不得分			
		$3\times 0.5－3$ 处	9	IT14 超差不得分			
2	形位精度	同轴度 $\phi 0.02$	3	超差不得分			
3	总长、中心孔与端面质量	118	3	超差不得分			
		C1	4	超差不得分			
		$R_a 6.3\mu m$（4 处）	18	超差不得分			
总分（100）：							
教师指导意见							
					指导教师： 年 月 日		

学习活动五　工作总结与评价

【学习目标】

（1）能根据自己完成的传动轴，正确检测。

（2）能根据自己完成传动轴的情况，进行总结。

（3）能主动获取有效信息，展示工作成果，对学习与工作进行反思总结，并能与他人良好合作，进行有效的沟通。

【建议学时】

4 课时。

【学习地点】

车工实训场地。

【学习引导】

总结（根据自己完成传动轴的情况，回想完成的过程，自己学到了哪些知识？自己还存哪些不足，应如何去改善？）

_____

_____

_____

_____

【评价与分析】

填写表 2 - 13、表 2 - 14。

表 2 - 13

序号	评分项目	分值（分）	小组评价 30%	教师评价 70%
1	紧扣主题，内容充实，文字优美	20		
2	声音洪亮，普通话标准流利	20		
3	表达清楚，语言流畅，声情并茂	15		
4	服装整洁，仪表端庄	15		
5	时间限制（限时 3～6min）	10		
6	PPT 制作质量（内容、图片等）	20		
总分（100）：				
指导教师评价				

指导教师： 年 月 日

表 2 - 14

序号	评分项目	分值（分）	成绩记录	总评成绩
1	零件质量	50		
2	工作页质量	10		
3	成果展示汇报	15		
4	考勤	10		
5	6S 执行（值日、机床卫生、量具摆放、工具柜设置）	5		
6	安全文明生产（穿工服、鞋，戴防护眼镜，车削规范操作）	5		
7	车间纪律（玩手机、睡觉、喧哗打闹、打牌、充电、乱丢垃圾等违纪）	5		
总分（100）：				
指导教师评价				

指导教师： 年 月 日

学习任务三
车削顶尖

【学习目标】

（1）能独立阅读生产任务单，明确工时、加工数量等要求，说出所加工零件的用途、功能和分类。

（2）能识读图样和工艺卡，查阅相关资料并计算，明确加工技术要求，制定加工工步。

（3）能正确识读并标注锥度。

（4）能运用不同装夹方法、装夹工件，并找正。

（5）能对中、小滑板间隙进行调整，掌握车前顶尖车削技能。

（6）能识读和使用万能角度尺。

（7）能对顶尖零件进行自检与质量分析，判断零件是否合格，并进行简单的成本分析。

（8）能主动获取有效信息，展示工作成果，对学习与工作进行总结反思，能与他人合作，进行有效沟通。

【建议学时】

28 课时。

【工作情景描述】

某企业委托学校进行顶尖的加工，要求本班级 5 天内完成 50 件的来料加工任务。零件图样见图 3-1。

【工作流程与内容】

学习活动一：车削顶尖工艺分析　　　　　　3 课时

学习活动二：顶尖零件的车削　　　　　　　21 课时

学习活动三：顶尖零件的检验和质量分析　　2 课时

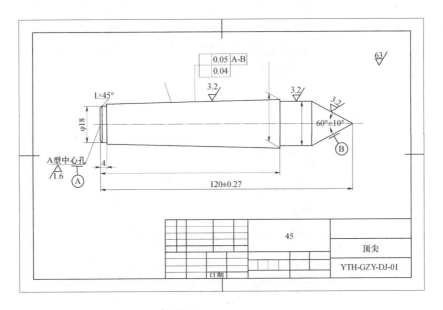

图 3-1　零件图样

学习活动一　车削顶尖工艺分析

【学习目标】

（1）能表述顶尖的用途。

（2）能正确分析顶尖图样。

（3）能明确锥度的种类，了解莫氏锥度的规格以及标注方法。

（4）能根据图样初步分析圆锥的车削加工方法。

（5）能按机械制图标准绘制顶尖零件图样。

（6）能合理确定车削顶尖的相关工具、量具、夹具、刃具。

（7）能按要求正确规范的完成本次学习活动工作页的填写。

（8）能合理准备车削传动轴的相关工具。

【建议学时】

3 课时。

【学习地点】

车工实训场地。

在机械制造中，有许多机械零件要求配合紧密、定位准确，并可以任意拆装而不影响原来的精度，因此广泛采用圆锥面（圆锥孔和圆锥体）作为配合表面。加工圆锥表面时，进刀轨迹必须符合工件的圆锥斜角。

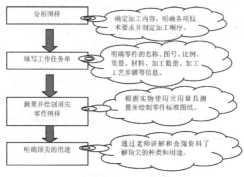

分析图样	确定加工内容，明确各项技术要求并制定加工顺序。
填写工作任务单	明确零件的名称、图号、比例、重量、材料、加工数量、加工工艺步骤等信息。
测量并绘制顶尖零件图样	根据实物使用常用量具测量并绘制零件标准图纸。
明确顶尖的用途	通过老师讲解和查阅资料了解顶尖的种类和用途。

图 3-2　工艺分析的步骤

【学习引导】

（1）常用顶尖（见图 3-3）有两种：_____式顶尖；_____式顶尖第一种装有轴承，定位精度略_____，但旋转时不容易发热；第二种是一个整体，但定位精度高，顶尖部分由于旋转摩擦易产生_____。顶尖是在一些需要精确重复定位时，作为_____基准和提高装夹刚度，减少在加工过程中的_____，或者用来安装心轴，检测机床精度用。

图 3-3　常用顶尖

（2）根据顶尖图样回答问题，并绘制零件标准图样。

1）Morse No. 3 表示的意思是_____。

2）圆锥的标注要求在圆锥的____上引出一条____线，该线____于圆锥素线，圆锥符号小端应对应圆锥的____。

3）圆锥的大端尺寸为_____。

4）形位公差 | ⌀ | 0.05 | A-B | 表示_____，| — | 0.04 | 表

示_____。

5）图 3 - 4 中角度标注 _____（填写正确或错误），若错误，请说出错

在_____。

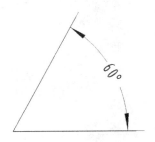

图 3 - 4

（3）在顶尖加工工艺步骤（见表 3 - 1）工步内容栏内填空。

表 3 - 1

工序	工　步	图　例	主要工量刃具
	用_____装夹并找正零件，零件伸出卡盘爪端面 50mm 左右		卡盘扳手 刀架扳手
车削	车削零件_____		45°外圆车刀 0～150mm 游标卡尺
	粗车 φ22 外圆至 23mm × 34.5mm		90°外圆车刀 0～150mm 游标卡尺

工序	工 步	图 例	主要工量刃具
车削	转动_____车削60°圆锥面，检测60°圆锥角，并精车$\phi22^{\pm0}_{-0.052}\times35$mm至尺寸，保证表面粗糙度		90°外圆车刀 0～150mm游标卡尺 0～25mm千分尺 万能角度尺
	调头装夹，车削端面，控制总长至120 ± 0.027mm，钻削_____，卸下零件检查		45°外圆车刀 $\phi3$mmA型中心钻 钻夹 0～150mm游标卡尺
	装夹余料自制_____，车削端面，钻中心孔，并涂抹工业润滑脂		45°外圆车刀 $\phi3$mmA型中心钻 钻夹

工序	工　步	图　例	主要工量刃具
	采用 _____ 装夹方法，将 $\phi23 \times 35mm$ 外圆部分装入 _____ 内，将零件 60°圆锥面顶入反顶尖孔内，零件端面中心孔由 _____ 支定		鸡心夹 活顶尖
车削	粗车外圆至 $\phi25 \times 85mm$，将小滑板转动一个 _____ $\alpha/2$（1°26′16″）粗、精车 Morse No.3 圆锥面，保证表面粗糙度 Ra3.2。锥面采用法检验零件配合精度		90°外圆车刀 0～150mm 游标卡尺 万能角度尺 8 英寸活扳手 Morse No.3 工具圆锥套规
	粗、精车 $\phi18 \times 4mm$ 外圆至尺寸要求，倒角 _____，卸下零件进行检验		90°外圆车刀 45°外圆车刀

（4）根据零件图及加工工艺填写表 3 - 2。

表 3 - 2

（单位名称）	施工工艺卡	产品名称		图号			
		零件名称		数量		第　页	
		计划工时		实际工时			
材料种类		材料成分		毛坯尺寸		共　页	
工序	工步	工序内容	车间	设备	工具		计划工时	实际工时
					夹具	量刃具		

（5）莫氏锥度是一个锥度的国际标准，用于_____配合以精确定位。由于锥度很小，利用_____的原理，可以传递一定的扭距，又因为是锥度配合，所以可以方便地拆卸。在同一锥度的一定范围内，工件可以自由地拆装，同时在工作时又不会影响到使用效果。

（6）莫氏锥度，有_____共____个号，锥度值有一定的变化，每一型号公称直径大端分别为_____、_____、_____、_____、_____、_____、_____，主要用于各种工具（莫氏锥套）、刀具（钻头、铣刀）各种刀杆及机床主轴孔锥度（见图 3 - 5）。

图 3 - 5　莫氏圆锥

(7) 查阅相关资料，完整填写表 3 - 3。

表 3 - 3

莫氏圆锥	锥度比	小滑板应转动的角度
0	1 : 19.212	
1		1°25′43″
2		
3		
4		
5		
6		

【知识链接】

莫氏锥度是一个锥度的国际标准，用于静配合以精确定位。由于锥度很小，利用摩擦力的原理，可以传递一定的扭距，又因为是锥度配合，所以可以方便地拆卸。在同一锥度的一定范围内，工件可以自由地拆装，同时在工作时又不会影响到使用效果，比如钻孔的锥柄钻，如果使用中需要拆卸钻头磨削，拆卸后重新装上不会影响钻头的中心位置。

莫氏锥度又分为长锥和短锥，长锥多用于主动机床的主轴孔，短锥用于机床附件和机床连接孔，莫氏短锥有 B10、B12、B16、B18、B22、B24 六个型号，他们是根据莫氏长锥 1、2、3 号缩短而来，例如 B10 和 B12 是莫氏长锥 1 号的大小两端，一般机床附件根据大小和所需传动扭矩选择使用的短锥，如常用的钻夹头 1～13mm 通常都是采用 B16 的短锥孔。

学习活动二　顶尖零件的车削

【学习目标】

(1) 掌握游标万能角度尺的刻线原理和使用方法。
(2) 能根据工件的锥度计算小滑板的旋转角度。
(3) 能按顶尖图样合理选择和安装车刀。
(4) 能运用转动小滑板法车削圆锥。
(5) 能运用量具在加工过程中正确规范检验圆锥。
(6) 能按要求正确规范地完成本次学习活动工作页的填写。

【建议学时】

21 课时。

【学习地点】

车工实训场地。

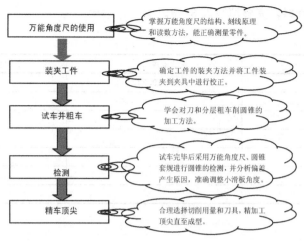

图 3-6　车削顶尖零件的步骤

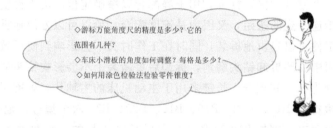

【学习引导】

（1）万能角度尺的读数机构是根据_____原理制成的。主尺刻线每格为____。游标的刻线是取主尺的 29° 等分为____格，副尺刻线每格为____。因此，万能角度尺主尺 1 格与副尺 1 格间的差值为____。

（2）万能角度尺的测量范围是_____。

（3）标出图 3-7 中圆锥的参数。

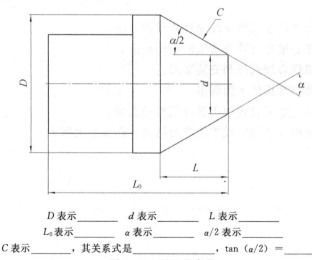

D 表示_____　　d 表示_____　　L 表示_____

L_0 表示_____　　α 表示_____　　$\alpha/2$ 表示_____

C 表示_____，其关系式是_____，$\tan(\alpha/2) =$ _____

图 3-7　圆锥的参数

(4) 常用的标准圆锥有_____圆锥和_____圆锥两种，其中，莫氏圆锥，最小的是_____号，最大的是_____号。

(5) 看表 3-4 中图例说明，填写转动小滑板法车圆锥所缺车削内容。

表 3-4

车削步骤	车削内容	图例及说明
安装车刀	车刀的刀尖必须严格对准工件的_____，否则车出的圆锥素线不是直线，而是_____	
装夹工件	装夹工件，工件的旋转中心必须与主轴旋转中心_____，找正后夹紧工件	
计算	1) 确定小滑板的转动角度，根据工件图样选择相应的公式计算出_____，$\frac{\alpha}{2}$，即是小滑板应转动的角度 2) 当 $\frac{\alpha}{2}<6°$ 时，可用下列近似公式来计算，即：$\frac{\alpha}{2}\approx$_____	$\tan\frac{\alpha}{2}=\frac{c}{2}=\frac{D-d}{2L}$ 式中 $\frac{\alpha}{2}$——圆锥半角；C——锥度； 　　　D——圆锥体大端直径，mm； 　　　d——圆锥体小端直径，mm； 　　　L——最大圆锥直径与最小圆锥直径之间的轴向距离，mm
转动小滑板	1) 转动小滑板时，小滑板下面转盘上的两个螺母应_____，把转盘转至所需要的_____的刻度上，与基准零线_____，然后固定转盘上的螺母 2) 车正外圆锥面（工件大端靠近卡盘，小端靠近尾座方向）时，小滑板应_____时针方向转动一个圆锥半角 $\frac{\alpha}{2}$，反之则应_____时针方向转动一个圆锥半角 $\frac{\alpha}{2}$	

车削步骤	车 削 内 容	图 例 及 说 明
调整小滑板间隙	车削锥度前，应调整好小滑板导轨与镶条间的_____。如调得过紧，手动进给时费力，刀具移动不均匀；调得过松，造成小滑板间隙太大，两者均会使车出的圆锥面粗糙度较差且母线_____	
车削60°圆锥和 $\phi22^{+0}_{-0.052}$ ×35mm	1) 用双手配合均匀不间断地转动小滑板手柄，手动进给分层车削顶尖的圆锥面，再将转盘上的螺母松开，将小滑板恢复到原始_____再紧固 2) 因受小滑板行程的限制，只能加工_____不长的工件	
车削 Morse No.3 圆锥面	1) 车削 Morse No.3 圆锥面时，工件的圆锥角应为_____，其锥度比值是_____ 2) 一般车床小滑板无自动走刀，所以用小滑板车削锥体时，只能用_____进给，劳动强度大，工件_____较难控制	

【操作提示】

（1）车刀必须对准工件旋转中心，避免产生双曲线误差，否则工件会加工成图 3-8 中的形状。

（2）当车刀在中途刃磨以后装夹时，必须重新调整，使刀尖严格对准工件中心。

（3）车圆锥体前对圆柱直径的要求，一般应按圆锥体大端直径放余量 1mm 左右。

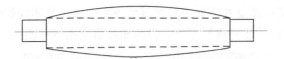

图 3-8　加工后工件的形状

（4）用双手交替转动小滑板手柄，保证进给速度均匀，不间断（见图 3-9）。

图 3-9　保证进给速度均匀

（5）粗车时，要注意给调整角度和精加工留有足够的余量。

（6）最后一刀，要保证车刀锋利，工件表面应一刀车成。

（7）小滑板不宜过紧，也不能太松。

（8）在转动小滑板时，应稍大于圆锥半角（$\alpha/2$），然后，逐步找正，当小滑板角度调整到相差不多时，只须把紧固螺母稍松一些，用左手拇指紧贴在小滑板转盘与中滑板底盘上，用铜棒轻轻敲小滑板，凭手指的感觉决定微调量。或者用百分表、磁力表座相互配合，这样可较直观地找正锥度。注意要消除中滑板间隙。

（9）可以采用百分表和大滑板配合检验小滑板转动角度是否正确（见图 3-10）。

百分表测头

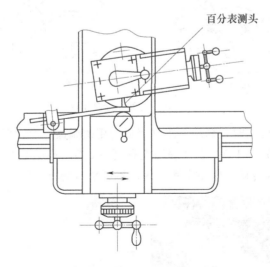

图 3-10　检验小滑板的转动角度

（10）用万能角度尺测量时，应注意测量基准的选择，要求平整、光洁。

61

（11）测量时，基尺测量基准面应通过端面中心、直尺与零件圆锥面吻合，透光检查。读数时，应锁紧定螺钉，然后离开工件，以免角度值变动（见图 3-11）。

图 3-11　用万能角度尺测量零件实例

（12）用万能角度尺只适合于精度要求不高的角度的测量。图 3-12 是用万能角度尺检测圆锥角度的不同方法。

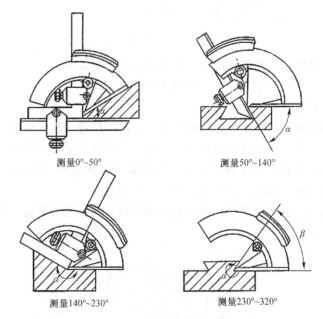

测量0°~50°　　　　测量50°~140°

测量140°~230°　　　　测量230°~320°

图 3-12　万能角度尺用法

（13）用圆锥套规检查时，套规和工件表面均用绢绸擦干净，保证表面干净、无毛刺、无线头、无油等（见图 3-13），工件表面粗糙度 Ra 必须小于 3.2μm。涂色要薄而均匀，中间相隔约 120°，套规转动量应在半圈以内，不可来回旋转（见图 3-14）。

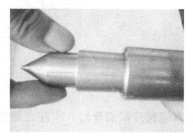

图 3-13　擦拭工件

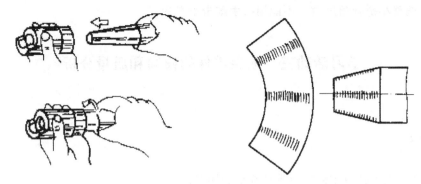

图 3-14　套规的用法

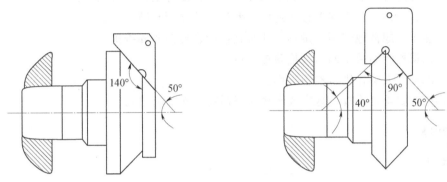

图 3-15　样板检测

（14）可以采用样板检测（见图 3-15）。

（15）车削过程中，要严格、精确地计算，调整锥度。

【安全提示】

（1）调整小滑板的时候，应注意防止扳手在松开或锁紧螺帽时打滑而伤手（见图 3-16）。这是因为扳手的旋转范围内有障碍，并且锁紧螺母棱角若出现圆角，锁紧螺帽时扳手打滑会因为惯性而使手背或手指撞向车床部件而受伤。建议采用套筒扳手或死扳手操作，必要时更换锁紧螺帽。

图 3-16　防止扳手打滑

63

（2）调整小滑板角度时，不能用扳手敲击小滑板。

学习活动三　顶尖零件的检验和质量分析

【学习目标】

（1）能根据图样技术要求合理选择检验用具。
（2）能使用常用量具检验顶尖的尺寸、形位精度等是否符合图样要求。
（3）能针对顶尖加工误差分析造成误差产生的原因和防止方法。
（4）能正确规范地使用工量具，并对其进行合理保养和维护。
（5）根据检测结果正确填写检验报告单。
（6）能与他人协作进行检验工作。
（7）能按要求正确规范地完成本次学习活动工作页的填写。

【建议学时】

2 课时。

【学习地点】

车工实训场地。

【学习引导】

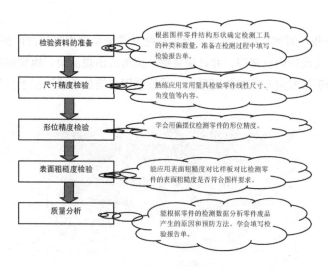

图 3-17　检验和质量分析的步骤

（1）根据工作任务填表 3-5。

表 3 - 5

检验步骤	检 验 内 容	图例及说明
尺寸精度检验	1）检验尺寸 $85\pm^{0}_{0.35}$ 选用_____量程的游标卡尺 2）测量 $\phi22\pm^{0}_{0.052}$ 应选用规格为_____、精度为 0.01mm 的_____进行测量 3）圆锥锥度一般可采用_____检验配合精度要求较高的可采用_____的方法检验圆锥配合间隙	
形位精度检验	图样中两项形位公差的含义是 1）_____ 2）_____ 这两项形位精度要求可采用_____（检测仪器）来进行测量	
表面粗糙度检验	图样中 Ra3.2 的含义是_____ _____	

（2）质量分析（根据发现的问题进行分析并设计解决方案，见表3-6和表3-7）。

表 3-6

序号	质 量 问 题		问题分析和解决方案
1	顶尖60°圆锥面烧毁在反顶尖中心孔内，零件在加工中脱落，甚至出现安全责任事故		原因： 解决方法：
2	加工表面粗糙未达到图样要求		原因： 解决方法：
3	零件圆锥面相对于回转中心跳动量过大		原因： 解决方法：

表 3-7

序号	检测项目	配分	评分标准	自己检测	教师检测	得分
1	Morse No. 3	15	与工具圆锥检验套配合检验，接触面积不小于70%，每小于该标准5%扣5分			
2	$\phi24.05^{+0.1}_{-0.1}$	15	每超差0.02扣1分			
3	$\phi22^{-0}_{-0.052}$	15	每超差0.01扣1分			
4	$85\pm^{0}_{0.35}$	15	每超差0.05扣1分			
5	120 ± 0.27	25	每超差0.03扣1分			
6	$60\pm10'$	6	每超差2'扣1分			
7	$\phi18$	2	按IT14超差扣分			

序号	检测项目	配分	评分标准	自己检测	教师检测	得分
8	— 0.04	12	每超差 0.01 扣 2 分			
9	/ 0.05 A−B	8	每超差 0.01 扣 1 分			
10	A 型中心孔	4	扁孔、毛刺等无分			
11	Ra3.2 3 处	3×2	降级无分			
12	Ra1.6	3	降级无分			
13	Ra6.3 2 处	2×2	降级酌情扣分			
14	安全文明操作	9	工作服穿戴整齐工卡量具摆放整齐、操作完后认真保养机床满分，违章无分			
总分（100）：						
指导教师评价						
			指导教师：　　年　月　日			

学习活动四　工作总结与评价

【学习目标】

（1）能通过交流讨论等方式较全面规范地撰写总结，内容翔实。

（2）能采用多种形式进行成果展示。

（3）能对顶尖加工过程进行总体分析。

（4）能根据加工和检验过程制作反映本任务的课件。

【建议学时】

3 课时。

【学习地点】

车工实训场地。

【学习引导】

总结（根据自己完成传动轴的情况，回想完成的过程，自己学到了哪些知识？自己还存哪些不足，应如何去改善？）

_____

_____

_____

【评价与分析】

填写表 3-8 和 3-9。

表 3-8

序号	评 分 项 目	分值（分）	小组评价 30%	教师评价 70%
1	紧扣主题，内容充实，文字优美	20		
2	声音洪亮，普通话标准流利	20		
3	表达清楚，语言流畅，声情并茂	15		
4	服装整洁，仪表端庄	15		
5	时间限制（限时 3～6min）	10		
6	PPT 制作质量（内容、图片等）	20		
总分（100）：				

指导教师评价	
	指导教师：　　　　　年 月 日

表 3-9

序号	评 分 项 目	分值（分）	成绩记录	总评成绩
1	零件质量	50		
2	工作页质量	10		
3	成果展示汇报	15		
4	考勤	10		
5	6S 执行（值日、机床卫生、量具摆放、工具柜设置）	5		
6	安全文明生产（穿工服、鞋，戴防护眼镜，车削规范操作）	5		
7	车间纪律（玩手机、睡觉、喧哗打闹、打牌、充电、乱丢垃圾等违纪）	5		
总分（100）：				

指导教师评价	
	指导教师：　　　　　年 月 日

学习任务四
车削轴套配合件

【学习目标】

（1）能独立阅读生产任务单，明确工时、加工数量等要求，了解所加工零件的用途、功能和分类。

（2）能根据加工要求正确使用麻花钻，掌握钻孔的方法。

（3）能根据加工要求正确使用扩孔钻，掌握扩孔的方法。

（4）能根据加工要求正确刃磨安装内孔车刀、内沟槽车刀，掌握内孔、内沟槽车削的加工方法。

（5）能够正确使用内径百分表进行锥套零件的测量。

（6）能根据加工要求，合理选择切削用量和切削液。

（7）能主动获取有效信息，展示工作成果，对学习与工作进行反思总结，并能与他人开展良好合作，进行有效的沟通。

【建议学时】

48 课时。

【工作情景描述】

某企业机器中锥套零件因长期使用而造成磨损，需要更换。该锥套主要起轴向定位和轴向固定作用，加工数量为 50 件，图样已交予我校车间，工期为 5 天，来料加工，零件尺寸见图样（见图 4-1 至图 4-3）。

【工作流程与内容】

学习活动一：轴套工艺分析	3 课时
学习活动二：工具、量具、夹具、刀具的学习与准备	3 课时
学习活动三：轴套配合件的加工	36 课时
学习活动四：轴套配合件的检验和质量分析	3 课时
学习活动五：工作总结与评价	3 课时

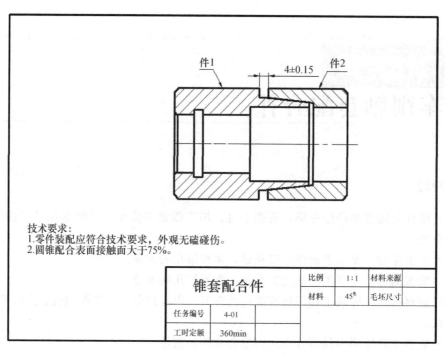

技术要求:
1.零件装配应符合技术要求,外观无磕碰伤。
2.圆锥配合表面接触面大于75%。

锥套配合件		比例	1:1	材料来源	
		材料	45#	毛坯尺寸	
任务编号	4-01				
工时定额	360min				

图 4-1　零件图样 1

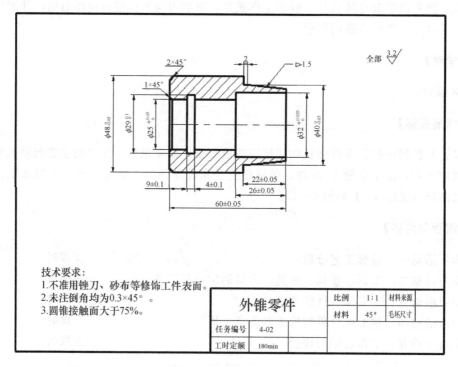

技术要求:
1.不准用锉刀、砂布等修饰工件表面。
2.未注倒角均为0.3×45°。
3.圆锥接触面大于75%。

外锥零件		比例	1:1	材料来源	
		材料	45#	毛坯尺寸	
任务编号	4-02				
工时定额	180min				

图 4-2　零件图样 2

70

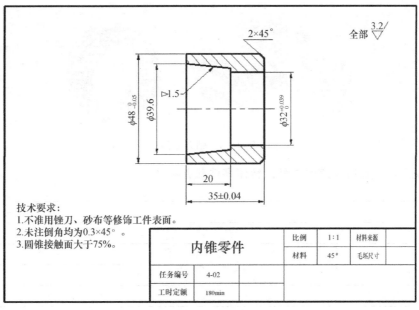

技术要求：
1.不准用锉刀、砂布等修饰工件表面。
2.未注倒角均为0.3×45°。
3.圆锥接触面大于75%。

内锥零件		比例	1:1	材料来源	
		材料	45#	毛坯尺寸	
任务编号	4-02				
工时定额	180min				

图4-3 零件图样3

学习活动一　轴套工艺分析

【学习目标】

（1）能正确表述轴套零件的功能与作用。

（2）能正确分析轴套零件的图样，规范填写加工工艺卡。

（3）能理解和掌握内孔车削时切削用量的选择方法。

（4）能合理选择车削轴套零件的相关工具、量具、夹具、刃具。

（5）能按要求正确规范地填写好本次学习任务的工作页。

【建议学时】

3课时。

【学习地点】

车工实训场地。

【学习引导】

（1）收集信息。

1）轴套（见图4-4）的主要用途是什么？轴套的常用材料有哪些？

①主要用途：

_____

②常用材料：

_____

71

图 4-4　轴套零件

2) 说一说：你所知道的常见回转体零件都有哪些？

_____

_____

_____

_____

_____

_____

3) 想一想：我们如果要清楚地表达回转类零件的内部结构，如何来画图？并简要说明图 4-5（a）零件内孔中槽的作用。

（a）　　　　　　　　　　（b）

图 4-5　回转类零件

_____

_____

_____

_____

_____

_____

_____

（2）根据上面轴套零件图样，填写表 4-1 的加工工艺卡。

4－1

（单位名称）	施工工艺卡	产品名称		图号			
		零件名称		数量		第 页	
材料种类		材料成分		毛坯尺寸		共 页	
工序号	工序内容		车间	设备	工具	计划工时	实际工时
					夹具	量刃具		

工序号	工序内容	车间	设备	夹具	量刃具	计划工时	实际工时

更改号		拟定	校正	审核	批准	
更改者						
日 期						

73

（3）内孔车削时切削用量的确定：

1）切削速度公式：$V_c = \dfrac{\pi d n}{1000}$，其中，

在内孔车削时 d 指的是：_____

在内孔车削时 n 指的是：_____

2）假如目前用硬质合金内孔车刀车削 $\phi25$ 内孔，工件材料如表 4-2 所示，请分别确定在粗车和精车时相应的切削用量三要素，并填入表 4-2。

表 4-2

切削用量	45#钢			HT200			硬铝		
	$V_c(n)$	a_p	f	$V_c(n)$	a_p	f	$V_c(n)$	a_p	f
粗车									
精车									

（4）内孔车削的基础知识。

请指出图 4-6 三幅图中内孔的形式。

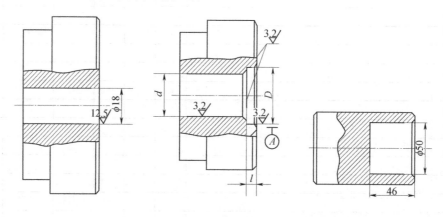

图 4-6 内孔的形式

学习活动二 工具、量具、夹具、刃具的学习与准备

【学习目标】

（1）能掌握麻花钻的分类、材料和几何形状知识，明确钻削用量和钻孔方法。

（2）能掌握内孔车刀及内孔切槽刀几何形状、刃磨、安装和使用方法。

（3）能按照规范的刃磨方法，安全使用刃磨轴套用刀具。

（4）能根据现场条件，查阅相关资料，确定符合加工技术要求的工具、量具、夹具、辅件。

【建议学时】

3 课时。

【学习地点】

车工实训场地。

【学习引导】

一、麻花钻的学习与准备

本次任务要求掌握麻花钻的修磨方法，并利用麻花钻进行试钻孔（见图 4-7），以验证麻花钻的刃磨质量。

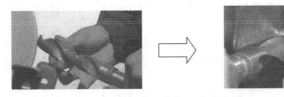

图 4-7　钻孔工序流程图

学习钻孔的知识与技能时，可参照图 4-8 步骤进行。

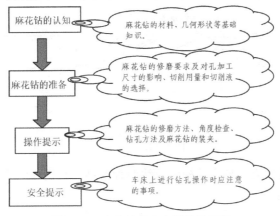

图 4-8　麻花钻基本内容学习步骤

1. 麻花钻的学习

（1）通过观察生活、深入生产实际以及在互联网上收集资料等方法（有条件的同学可以拍成照片）相互交流讨论，请举出钻头的类型。

_____

_____

_____

_____

（2）在互联网上搜索麻花钻的类型，现已检索出了 1 种整体硬质合金麻花钻（见图 4-9）。你还能再搜出几种麻花钻，尤其是新型或高性能麻花钻吗？

图 4-9　整体硬质合金麻花钻

（3）你知道"钻头大王"倪志福吗？请在互联网上使用关键词"志福钻头"、"群钻"搜索收集他的事迹。

（4）学习麻花钻的几何形状知识（见图4-10）。

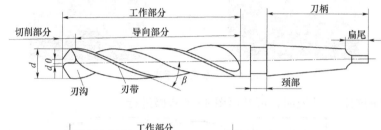

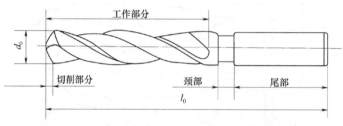

图 4-10　麻花钻

1）想一想：麻花钻有直柄和锥柄麻花钻两种类型，它们在结构上有什么区别？在钻头尺寸上有什么不同？

2）在麻花钻外形图解（见图4-11）上指出对应部分。

前刀面：

主后刀面：

副后刀面：

主切削刃：

副切削刃：

横刃：

棱边：

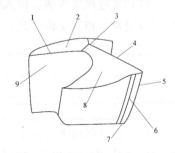

图 4-11　麻花钻顶工作部分

3）指出图 4-12 麻花钻中各个角度的含义和作用。

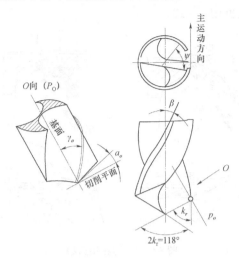

图 4-12 麻花钻角度

α_0 是_____角，定义是_____；

作用是_____；

γ_0 是_____角，定义是_____；

作用是_____；

β 是_____角，定义是_____；

作用是_____；

$2\kappa_r$ 是_____角，定义是_____；

作用是_____；

ψ 是_____角，定义是_____；

作用是_____；

2. 麻花钻的准备

（1）麻花钻的修磨。

说一说，对麻花钻修磨的基本要求是什么？

_____

_____

_____

（2）钻孔时切削用量及切削液的选择。

1）钻孔切削用量的确定：

①背吃刀量：a_p =_____；

②钻削速度：根据钻削材料、钻头直径确定，一般 V_c =_____；

③进给量 f：根据手感力度确定进给量大小，一般 f =_____；

2）用直径为 25mm 的麻花钻钻孔，工件材料为 45♯钢，若选用车床主轴转速为 400r/min，求背吃刀量 a_p 和切削速度 V_c。

77

3. 麻花钻的操作提示

(1) 麻花钻的刃磨 (见图 4 - 13)。

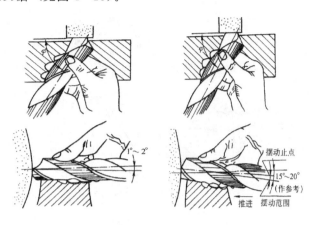

图 4 - 13　麻花钻刃磨

　　钻头摆放位置：麻花钻中心高于砂轮中心，主切削刃保持水平位置。麻花钻中心线与砂轮外圆表面的夹角约为 59°，同时钻柄向下倾斜。

　　刃磨方法：切削刃轻微接触砂轮，稍加压力上下 (15°～20°) 摆动钻头，同时顺时针轻微转动钻头，磨出后角。放松压力，钻柄向上并逆时针转动复位，重复刃磨动作 4～5 次磨出一个切削刃。钻头转过 180°刃磨另一个切削刃。

　　(2) 角度检查。

　　麻花钻垂直竖眼前等高的位置目测检查，转动钻头，交替观察两切削刃的长短、高低及后角是否一致，如有偏差，修磨至一致为止，如图 4 - 14 (a) 所示。或者用样板检查，如图 4 - 14 (b) 所示。

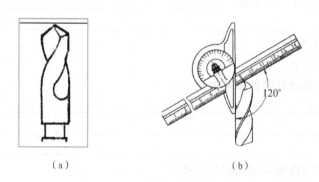

(a)　　　　　　　　　　(b)

图 4 - 14　麻花钻刃磨角度检查

4. 麻花钻刃磨时的注意事项

　　(1) 刃磨钻头时，钻尾向上摆动，不得高出水平线，以防磨出负后角。钻尾向下摆动亦不能太多，以防磨掉另一条主刀刃。

　　(2) 随时检查两主切削刃的刃长及钻头轴心线的夹角是否对称。

　　(3) 刃磨时应随时冷却，以防钻头刃口发热退火，降低硬度。

（4）初次学习刃磨时，应注意防止外缘处出现负后角。

5. 麻花钻刃磨的评价与分析

表 4 - 3

序号	考核项目		考核内容及要求	配分	评分标准	检测结果	得分
1	麻花钻	后角 α_o	$10°\sim14°$（外缘处的圆周后角）	6	超差不得分		
2			不能为负后角	4	不符合要求不得分		
3		顶角 $2\kappa_r$	$118°\pm2°$	12	超差不得分		
4			顶角的一半（$59°\pm1°$）	10	超差不得分		
5		横刃斜角 ψ	$55°\pm2°$	6	超差不得分		
6		两主切削刃	长度相差≤0.1mm	6	超差不得分		
7			2 条刀刃平直无锯齿	6	不符合要求不得分		
			2 条刀刃不能被局部磨掉	6	不符合要求不得分		
8			2 条刀刃刃口不能退火	6	不符合要求不得分		
9		表面粗糙度	后角 R_a 1.6μm 两处	8	不符合要求不得分		
10		修磨横刃	修磨后的横刃长度为原长的 1/5～1/3	10	不符合要求不得分		
11			横刃处的前角至少有 2 处符合要求	6	不符合要求不得分		
12		安全规范操作	操作、工艺规程正确 正确、规范使用设备，合理保养及维护设备	14	不符合要求酌情扣分		
总分							

6. 知识链接：扩孔及扩孔钻

用扩孔刀具扩大工件孔径的方法称为扩孔。常用的扩孔刀具有麻花钻和扩孔钻，一般精度要求的工件扩孔可用麻花钻，精度要求高的孔的半精加工可用扩孔钻。

（1）用麻花钻扩孔（见图 4 - 15）。

用麻花钻扩孔时，由于横刃不参加工作，轴向切削力小，进给省力。但是，因钻头外缘处的前角较大，容易将钻头拉出，使钻头在尾座套筒里打滑。因此，扩孔时应将钻头外缘处的前角修磨得小些，并适当地控制进给量，不要因为钻削轻松而盲目地加大进给量。

（2）用扩孔钻扩孔。

扩孔钻有高速钢扩孔钻和硬质合金扩孔钻两种，扩孔钻的主要特点是：

1）扩孔是孔的半精加工，一般加工精度为 IT10～IT11。

2）孔的表面粗糙度可控制在 6.3～12.5μm。

3）扩孔钻齿数较多（一般为 3～4 齿），导向性好，切削平稳。

4）扩孔钻钻芯粗，刚性好，可选较大的切削用量。

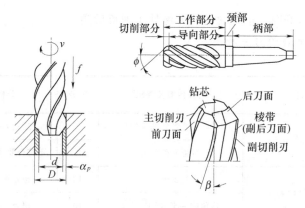

图 4 - 15　扩孔钻

当钻削直径 $d > 30\text{mm}$ 的孔时，为了减小钻削力及扭矩，提高孔的质量，一般先用 $(0.5 \sim 0.7)d$ 大小的钻头钻出底孔，再用扩孔钻进行扩孔，则可较好地保证孔的精度和控制表面粗糙度，且生产率比直接用大钻头一次钻出时还要高。

二、内孔车刀的学习与准备

本次任务要求掌握内孔车刀的刃磨方法，并利用内孔车刀进行试车孔，以验证内孔车刀的刃磨质量（见图 4 - 16、图 4 - 17）。

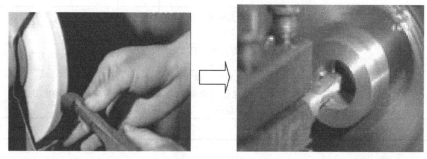

图 4 - 16　扩孔钻

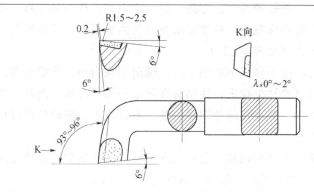

练习内容	工件名称	材　料	材料来源
内孔车刀刃磨	轴套	刀柄：45# 钢 刀头：硬质合金	焊接车刀

图 4 - 17　内孔车刀角度

1. 内孔车刀的学习

（1）收集资料：

说明内孔车刀的主要应用场合，以及它所能达到的尺寸精度和表面粗糙度。

1）主要应用场合：

_____

_____

2）能达到的尺寸精度和表面粗糙度：

_____

_____

（2）说明本任务中内孔车刀的主要角度，以及它们分别在哪个辅助平面中测量。

前角 γ_0：_____与_____的夹角，在_____面中测量，其值是_____度。

主后角 α_0：_____与_____的夹角，在_____面中测量，其值是_____度。

主偏角 Kr：_____与_____的夹角，在_____面中测量，其值是_____度。

副偏角 Kr'：_____与_____的夹角，在_____面中测量，其值是_____度。

刃倾角 λs：_____与_____的夹角，在_____面中测量，其值是_____度。

（3）内孔车刀的分类及选择（见图 4-18）。

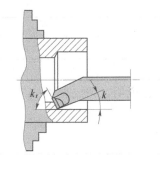 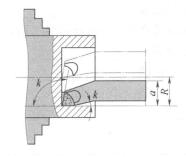

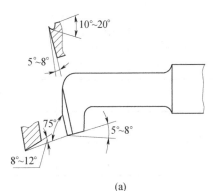 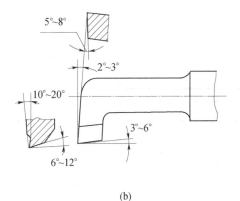

(a)   (b)

图 4-18　内孔车刀分类

图（a）为_____车刀，适合加工_____孔；

图（b）为_____车刀，适合加工_____孔。

简单说明这两种车刀的区别（角度、a 值等）。

_____

_____

_____

_____

_____

(4) 内孔车刀刀头材料的选择。

常见内孔车刀硬质合金刀头材料主要有：钨钴类硬质合金（YG）、钨钴钛类硬质合金（YT）、添加稀有金属的硬质合金 [钨钽（铌）钴类硬质合金（YA）和钨钛钽（铌）钴类硬质合金（YW）]。

1）试说明它们的组织成分和应用范围。

钨钴类硬质合金类（YG）：

组织成分：_____；

应用范围：_____；

钨钴钛类硬质合金类（YT）：

组织成分：_____；

应用范围：_____；

添加稀有金属的硬质合金（YA 或 YW）：

组织成分：_____；

应用范围：_____；

2）分别就不同牌号的 YG 和 YT 类硬质合金作详细对比说明，完成表 4-4（在对应栏里打 "√"）。

表 4-4

应用场合	牌　号					
	钨钴类硬质合金类（YG）			钨钴钛类硬质合金类（YT）		
	YG3	YG6	YG8	YT5	YT15	YT30
粗加工						
半精加工						
精加工						

2. 内孔车刀的刃磨

学习内孔车刀的知识与刃磨技能时，可参照图 4-19 和表 4-5 的步骤进行，并填写表 4-3。

```
┌─────────────┐
│ 认识内孔车刀  │◁═══  了解内孔车刀的结构与
│ 结构与材料    │      ...所用材
└─────────────┘
       ║
       ▼
┌─────────────┐
│ 确定内孔车刀  │◁═══  掌握内孔车刀切削部分的几
│ 几何角度     │       何角度及其主要作用
└─────────────┘
       ║
       ▼
┌─────────────┐
│ 保证正确刃磨姿势 │◁═══  侧面站立两手握刀，两肘夹紧
└─────────────┘       腰部
       ║
       ▼
┌─────────────┐
│ 粗、精磨车刀各刀面 │◁═══  按要求保证各几何角度，同
└─────────────┘       时兼顾刀具表面粗糙度
       ║
       ▼
┌─────────────┐
│ 磨断屑槽     │◁═══  磨圆弧型断屑槽
└─────────────┘
       ║
       ▼
┌─────────────┐
│ 修磨刀尖圆弧  │◁═══  修磨刀尖圆弧，把握好力度，不
└─────────────┘       要把刀尖圆弧磨得太大
       ║
       ▼
┌─────────────┐
│ 内孔车刀的检测及 │◁═══  用油石研磨内孔车刀
│ 研磨         │
└─────────────┘
```

图 4-19　内孔车刀的刃磨步骤

表 4-5

步　骤	刃　磨　内　容	提　示
粗磨前刀面	刃磨要求：去除焊渣，控制前角为 0° 刃磨方法：左手捏刀头，右手握刀柄，刀柄保持平直，磨出前面	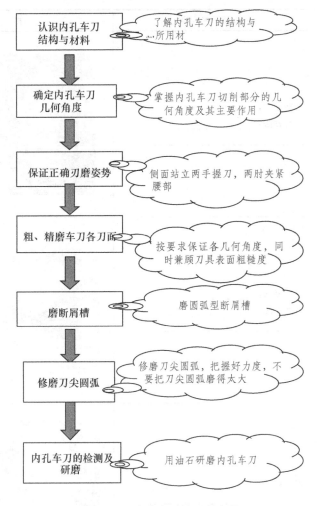

步　骤	刃　磨　内　容	提　　示
粗磨主后刀面	刃磨要求：＿＿＿＿＿＿＿＿＿ 刃磨方法：＿＿＿＿＿＿＿＿＿ ＿＿＿＿＿＿＿＿＿＿＿＿＿	
粗磨副后刀面	刃磨要求：＿＿＿＿＿＿＿＿＿ 刃磨方法：＿＿＿＿＿＿＿＿＿ ＿＿＿＿＿＿＿＿＿＿＿＿＿	
粗、精磨前角	刃磨要求：＿＿＿＿＿＿＿＿＿ 刃磨方法：＿＿＿＿＿＿＿＿＿ ＿＿＿＿＿＿＿＿＿＿＿＿＿	
精磨主后面、副后面	刃磨要求：＿＿＿＿＿＿＿＿＿ 刃磨方法：＿＿＿＿＿＿＿＿＿ ＿＿＿＿＿＿＿＿＿＿＿＿＿	

步　骤	刃　磨　内　容	提　　示
修磨刀尖圆弧	刃磨要求：＿＿＿＿＿＿＿ 刃磨方法：＿＿＿＿＿＿＿ ＿＿＿＿＿＿＿＿＿＿＿	

3. 内孔车刀操作提示

（1）车刀刃磨时，不能用力太大，以防打滑伤手。

（2）刃磨内孔车刀卷屑槽前，应先修整砂轮边缘处成为小圆角。

（3）卷屑槽不能磨得太宽，以防车孔时排屑困难。

（4）先磨练习刀，再磨硬质合金内孔车刀。

（5）结束后，应随手关闭砂轮机电源。

（6）填写表4-6检测分析表。

表 4-6

检测内容	检测所用方法	检测结果	是否合格
前角			
主后角			
副后角			
主偏角			
副偏角			
刀尖圆弧			
断屑槽			
切削刃直线度			
三个刀面粗糙度			
安全文明刃磨			
分析造成不合格项目 原因和改进			
指导教师意见			

三、内沟槽车刀的学习与准备

本次任务要求掌握内沟槽车刀的刃磨方法，并利用内沟槽车刀进行试切内沟槽，以验证其刃磨质量（见图4-20、图4-21）。

图 4-20　内沟槽车刀的刃磨方法

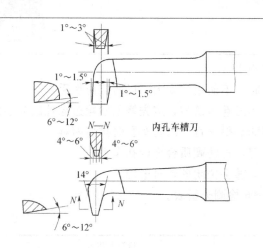

内孔车槽刀

练习内容	工件名称	材 料	材料来源
内沟槽车刀刃磨	轴套	刀柄：45钢 刀头：硬质合金	焊接车刀

图 4-21　内沟槽车刀角度

1. 内沟槽车刀的学习

（1）想一想：图 4-22 中的两种内沟槽车刀（一种是整体式的，另一种是装夹式）都分别适用于什么场合？

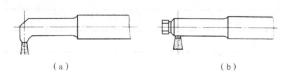

（a）　　　　　　　　　　　　（b）

图 4-22　内沟槽车刀结构形式

图（a）中内沟槽车刀适用的场合是：＿＿＿＿＿＿＿＿＿＿＿；

图（b）中内沟槽车刀适用的场合是：＿＿＿＿＿＿＿＿＿＿＿；

（2）说明本任务中内沟槽车刀的主要角度，以及它们分别在哪个辅助平面中测量。

前角 γ_0：＿＿＿＿＿与＿＿＿＿＿的夹角，在＿＿＿＿面中测量，其值＿＿＿＿度。

主后角 α_0：_____与_____的夹角，在_____面中测量，其值_____度。

副后角 α_0'：_____与_____的夹角，在_____面中测量，其值_____度。

主偏角 K_r：_____与_____的夹角，在_____面中测量，其值_____度。

副偏角 K_r'：_____与_____的夹角，在_____面中测量，其值_____度。

（3）内沟槽车刀的分类及选择。

简单说明这两种内沟槽车刀的区别，考虑一下它们的使用场合。

_____

_____

2. 内沟槽车刀的刃磨（见表 4－7）

表 4－7

步骤	刃 磨 内 容	提 示
粗磨前刀面	刃磨要求：去除焊渣，控制前角为 0° 刃磨方法：左手捏刀头，右手握刀柄，刀柄保持平直，磨出前面	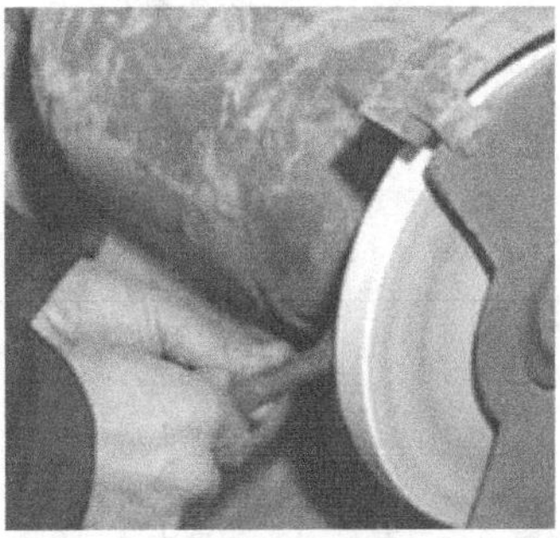
粗磨主后刀面	刃磨要求：_____ 刃磨方法：_____ _____	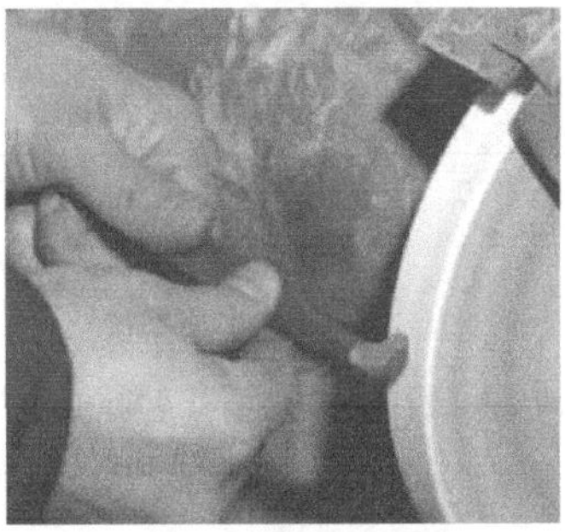
粗磨副后刀面 1	刃磨要求：_____ 刃磨方法：_____ _____	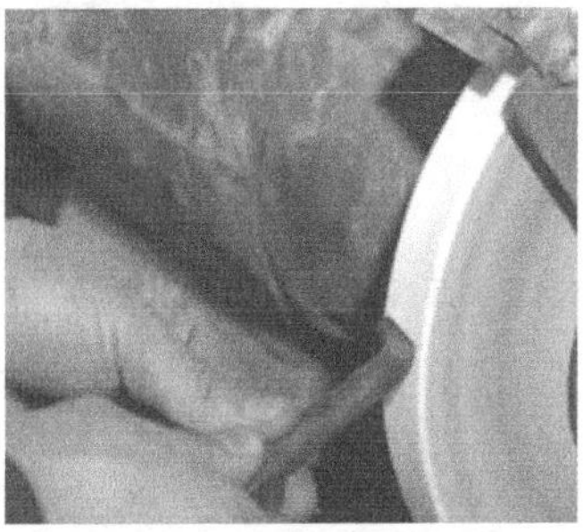

步骤	刃 磨 内 容	提 示
粗磨副后刀面 2	刃磨要求：_____ 刃磨方法：_____ _____	
精磨前刀面	刃磨要求：_____ 刃磨方法：_____ _____	
精磨主后刀面	刃磨要求：_____ 刃磨方法：_____ _____	
精磨副后两刀面	刃磨要求：_____ 刃磨方法：_____ _____	
修磨刀尖圆弧	刃磨要求：_____ 刃磨方法：_____ _____	

3. 内沟槽车刀操作提示

（1）内沟槽车刀的刃磨质量直接决定内沟槽形状的正确与否，因此磨刀时应注意刀刃的平直和角度、形状的正确。

（2）先磨练习刀，再磨硬质合金内孔车刀。

（3）刃磨结束后，应随手关闭砂轮机电源。

（4）填写表4-8。

表 4-8

检测内容	检测所用方法	检测结果	是否合格
前角			
主后角			
副后角（两处）			
主偏角			
副偏角（两处）			
刀尖圆弧			
切削刃直线度			
四个刀面粗糙度			
安全文明刃磨			
分析造成不合格项目的原因，改进措施			
指导教师意见			

学习活动三　轴套配合件的加工

【学习目标】

（1）能按要求正确规范地填写轴套加工工序卡片。

（2）能正确合理地选择麻花钻、内孔车刀、内孔切槽刀等刀具的切削用量。

（3）能正确规范地装夹麻花钻和内孔车刀、内孔切槽刀等刀具。

（4）能掌握内径百分表的结构和测量原理，并根据加工实际情况，熟练调整内径百分表以满足测量需要。

（5）能利用内径百分表对加工孔径进行正确规范的测量。

（6）能掌握轴套零件内孔尺寸的控制方法。

【建议学时】

36 课时。

【学习地点】

车工实训场地。

【学习引导】

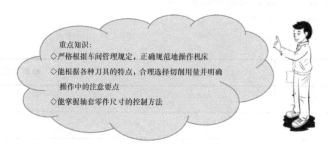

重点知识：
◇严格根据车间管理规定，正确规范地操作机床
◇能根据各种刀具的特点，合理选择切削用量并明确
　操作中的注意要点
◇能掌握轴套零件尺寸的控制方法

一、轴套零件的钻孔加工

（1）钻孔时为了对麻花钻进行冷却和润滑，一般都要用到切削液，请在表4-9中正确选择加工不同材料时所用的切削液。

表4-9

麻花钻种类	加 工 材 料					
	低碳钢	中高碳钢	合金钢不锈钢	铸铁	铝合金	铜合金
高速钢麻花钻						
镶硬质合金麻花钻						

（2）指出图4-23中麻花钻的修磨缺陷以及它们分别对孔加工的影响。

1）图4-23（a）中麻花钻缺陷_____，影响是_____；

2）图4-23（b）中麻花钻缺陷_____，影响是_____；

3）图4-23（c）中麻花钻缺陷_____，影响是_____。

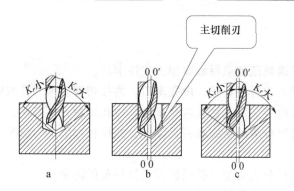

主切削刃

图4-23　钻头刃磨情况对孔加工的影响

1. 麻花钻的装夹

（1）直柄钻头常用钻夹头装夹，然后将钻夹头锥柄装入车床尾座套筒锥孔中。锥柄再

装入车床尾座套筒锥孔内。

（2）锥柄钻头可直接装在尾座套筒内。如果钻头锥柄小，须配上锥柄套筒才能与尾座套筒的锥孔配合使用（见图4－24）。

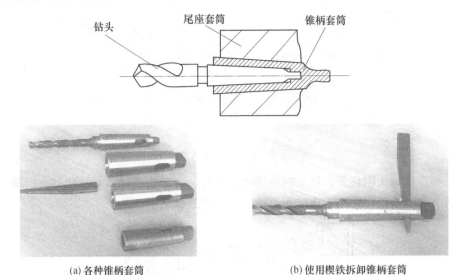

(a) 各种锥柄套筒　　　　　　　　　　(b) 使用楔铁拆卸锥柄套筒

图4－24　锥柄麻花钻的安装

（3）用V形铁装夹在刀架上，找正中心后，可利用纵向自动进给钻孔（见图4－25）。

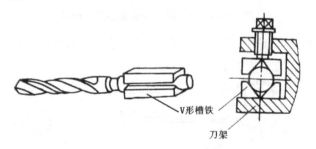

图4－25　V形铁装夹麻花钻

（4）专用工具装夹：将专用工具装在刀架上，锥柄钻头插入专用工具的锥孔内（如装夹直柄钻头，专用工具是圆柱孔，侧面用螺钉紧固），找正中心后，可以利用纵向自动进给钻孔（见图4－26）。

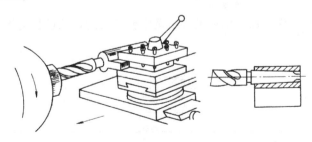

图4－26　专用工具装夹麻花钻

2. 钻孔的方法

钻孔前工件的端面要平,中心部位不许有凸台。钻孔时双手均匀摇动尾座手轮,进给速度要适当,加切削液。钻深孔应经常退出钻头以利排屑和冷却钻头(见图4-27)。

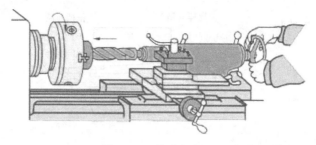

图4-27 钻孔的方法

(1)小直径钻头刚性差,钻头横刃接触端面时钻头产生摆动,容易使钻头折断。可用装在刀架上的挡铁挡住钻头头部防止摆动,然后慢进给钻削(见图4-28)。

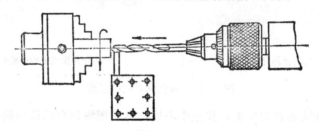

图4-28 挡铁挡住钻头头部防止摆动

(2)钻头直径小于5mm时,先用中心钻钻出中心孔,再用麻花钻钻孔(见图4-29)。

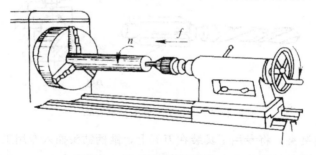

图4-29 麻花钻钻孔

3. 钻不通孔时孔深尺寸的控制方法

使钻头尖部接触工件端面,用钢尺量出尾座套筒长度,钻进长度等于所测长度加孔深尺寸(见图4-30)。

图4-30 麻花钻孔深尺寸的控制方法

4.安全提示：钻孔时注意事项

（1）钻孔前应车端面，防止钻头摆动折断钻头。

（2）尾座应和主轴同心，防止钻削时孔径扩大（见图4-31）。

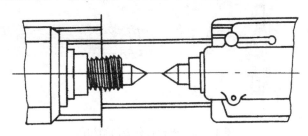

图4-31 尾座与主轴同心

（3）钻头将要钻透工件时（进给手感轻松）进给量要小。

（4）钻头钻进1~2mm时要停车测量孔径，防止孔径超差。

（5）钻削前要检查钻头是否弯曲，钻头、钻夹头柄部及钻套是否干净，防止钻削时孔径扩大或钻柄在尾座套筒内打滑。

二、轴套零件的车孔加工

1. 装夹内孔车刀

内孔车刀的装夹直接影响到车削情况及孔的角度，装夹时要注意：

（1）刀尖应与工件中心_____。如果装得低于中心，由于切削抗力的作用，容易将刀柄压低而产生扎刀现象，并可造成孔径扩大。

（2）刀柄伸出刀架不易过长，一般比被加工孔长_____ mm。

（3）刀柄基本平行于工件轴线，否则_____。

（4）盲孔车刀装夹时，车刀的主刃应与孔底平面成_____（填度数范围），并且在车平孔底面时要求横向有足够的退刀余地。

2. 车孔的关键技术

车孔的关键技术是要解决内孔车刀的刚度和排屑问题。试述为解决这两大问题可以采取的措施。

增加内孔车刀刚度可以采取的措施有：

_____

_____

改善内孔车刀排屑问题可以采取的措施有：

_____

_____

3. 根据以上内容回答问题

（1）内孔直径的测量，除了用内径百分表进行测量外，还有其他测量内孔直径的方法吗？

_____

_____

（2）根据图 4 - 32 中内径百分表的结构，说明它的常用规格、结构组成和简单测量原理，并具体说明内径百分表的测量步骤。

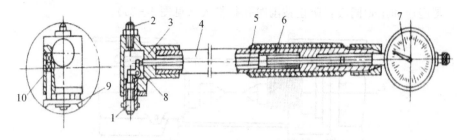

图 4 - 32　内径百分表的结构图

内径百分表结构常用规格：_____

_____

结构组成：_____

_____

测量步骤：_____

_____

_____

4. 车孔时产生废品的原因及预防方法（每项至少写出三项，见表 4 - 10）

表 4 - 10

废 品 种 类	产 生 原 因	预 防 方 法
尺寸不对		
内孔有锥度		
内孔不圆		
内孔表面粗糙度差		

5. 操作提示：车孔的方法

孔的形状不同，车孔的方法也有区别。

（1）车直孔。

车直孔的切削用量要比车外圆时适当减小些，特别是车小孔或深孔时，其切削用量应更小。

（2）车台阶孔。

1）不同类型台阶孔的车削方法。

① 车直径较小的台阶孔时，由于观察困难而尺寸精度不易掌握，所以常先粗、精车小孔，再粗、精车大孔。

② 车直径大的台阶孔时，在便于测量小孔尺寸而视线又不受影响的情况下，一般先粗车大孔和小孔，再精车小孔和大孔。

③ 车削孔径尺寸相差较大的台阶孔时，最好采用主偏角 $K_r=85°\sim88°$ 的车刀先粗车，然后再用内偏刀精车。直接用内偏刀车削时，背吃刀量不可太大，否则刀刃易损坏。其原因是刀尖处于刀刃的最前端，切削时刀尖先切入工件，因此其承受切削力最大，加上刀尖本身强度差，所以容易碎裂；由于刀柄伸长，在轴向抗力的作用下，背吃刀量大容易产生振动和扎刀。

2）控制台阶孔的车孔深度：粗车时，在刀柄上刻线痕记号或安放限位铜片，以及用床鞍刻线盘来控制等；精车时，需用小滑板刻度盘或游标卡尺等来控制车孔深度（见图4-33）。

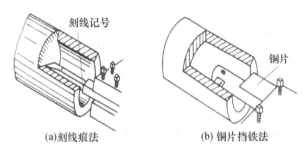

(a)刻线痕法   (b) 铜片挡铁法

图4-33 控制车孔深度的方法

3）车盲孔（平底孔）时，其内孔车刀的刀尖必须与工件的旋转中心等高，否则不能将孔底车平。检验刀尖中心高度的简便方法是车端面进行对刀，若端面能车至中心，则盲孔底面也能车平。同时，还必须保证盲孔车刀的刀尖至刀柄外侧的距离小于内孔半径 R，否则切削时刀尖还未车至工件中心，刀柄外侧就已与孔壁相碰。

（3）内径百分表的使用注意事项。

1）用内径百分表测量前，应首先检查整个测量装置是否正常，如固定测量头有无松动、百分表是否灵活、指针转到后是否能回到原来位置、指针对准的"零位"是否走动等。

2）用内径表测量时，要注意百分表的读数：

①长指针和短指针应结合观察，以防指针多转一圈。

②短指针位置基本符合，长指针转到"零"位线附近时，应防止"＋、－"数值搞错。长指针过"零"位线则孔小；反之，则孔大。

6.安全提示：车孔时的注意事项

（1）注意中滑板进、退刀方向与车外圆相反。

（2）车削铸铁内孔至接近孔径尺寸时，不要用手去抚摸，以防增加车削困难。

（3）精车内孔时，应保持刀刃锋利，否则容易产生让刀（因刀杆刚性差），把孔车成锥形。

（4）车小内孔时，应注意排屑问题，否则由于内孔铁屑阻塞，会造成内孔刀严重扎刀而把内孔车废。

（5）用内径百分表测量时，不能超过其弹性极限，强迫把表放入较小的内孔中，在旁侧的压力下，容易损坏机件。

三、轴套零件的内孔切槽加工

说一说：图 4-34 中都用了什么方法来测量内沟槽尺寸。

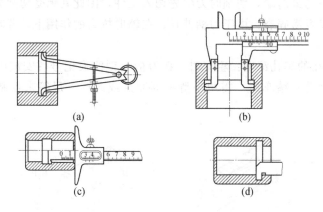

图 4-34　内沟槽尺寸的测量

图 4-34（a）中用来测量内沟槽尺寸的方法是：

_____；

图 4-34（b）中用来测量内沟槽尺寸的方法是：

_____；

图 4-34（c）中用来测量内沟槽尺寸的方法是：

_____；

图 4-34（d）中用来测量内沟槽尺寸的方法是：

_____；

1. 操作提示：车内沟槽的方法

（1）确定起始位置。

摇动床鞍和中滑板，使沟槽车刀的主切削刃轻轻地与孔壁接触，将中滑板刻度调至零位，如图 4-35 所示。

（2）确定车内沟槽的终止位置。

根据内沟槽的轴向位置尺寸 L 加上内沟槽车刀主切削刃的宽度，可计算出中滑板刻度的进给格数。在终止刻度指示位置上用记号笔标记或记下刻度值。

（3）确定车内沟槽的退刀位置。

使内沟槽车刀主切削刃离开孔壁0.2～0.3mm，并在中滑板刻度盘上标记退刀位置。

（4）车内沟槽。

启动车床转动中滑板手柄，使内沟槽车刀横向进给，其进给量不宜过大，约 0.1～

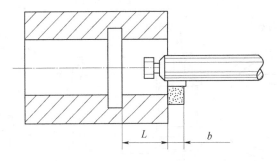

图 4-35 确定起始位置

0.2mm/r。当中滑板刻度标示已进给刀槽深尺寸时，车刀不要马上退出，应稍加停留。这样，可使槽底经主切削刃修整后提高其表面粗糙度。横向退刀时，要确认内沟槽车刀主切削刃已到达预先设定的退刀位置，才能纵向向外退出车刀。否则，会因横向退刀不足就纵向退刀而将车好的槽碰坏；若横向退刀过多，又可能会使刀柄与孔壁擦碰，而伤及内孔。

2. 车内沟槽的注意事项

(1) 刃磨的内沟槽刀应注意刀刃的平直和车刀的角度、形状。

(2) 左右借刀车沟槽时，应注意槽距的位置和偏差。

(3) 应利用中滑板刻度盘的读数，控制沟槽的深度和退刀的距离。

3. 知识链接：端面槽及车削方法

(1) 端面槽的种类。

端面沟槽有端面直槽、T形槽、燕尾槽等，如图 4-36 所示。

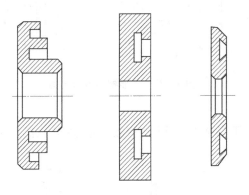

图 4-36 端面槽的种类

(2) 端面沟槽车刀与车削。

1) 车端面直槽。

在端面上车直槽时，端面直槽车刀的几何形状是外圆车刀与内孔车刀的综合。其中，刀尖 a 处的副后刀面的圆弧 R 必须小于端面直槽的大圆弧半径，以防左副后刀面与工件端面槽孔壁相碰。安装端面直槽车刀时，注意使其主切削刃垂直于工件轴线，以保证车出直槽底面与工件轴线垂直（见图 4-37）。

2) 车 T 形槽。

车 T 形槽比较复杂，可以先用端面直槽刀车出直槽，再用外侧弯头车槽刀车外侧沟

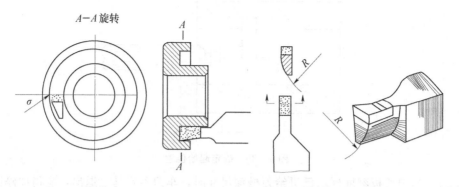

图 4 - 37　端面直槽刀与车削

槽，最后用内侧弯头车槽刀车内侧沟槽（见图 4 - 38）。

为了避免弯头刀与直槽侧面圆弧相碰，应将弯头刀刀体侧面磨成弧形。另外，弯头刀的刀刃宽度应等于槽宽 a，L 则应小于 b，否则弯头刀无法进入槽内。

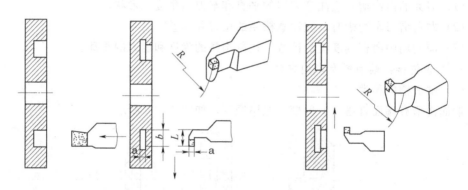

图 4 - 38　T 形槽车刀与车削

3）车燕尾槽。

燕尾槽的车削方法与 T 形槽的车削方法相似，也是采用三把刀分三步车出（见图 4 - 39）。

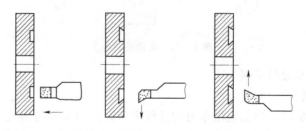

图 4 - 39　燕尾槽车刀与车削

4）端面沟槽的测量。

端面沟槽可选用游标卡尺、游标深度尺、样板等量具检测。

学习活动四　轴套配合件的检验和质量分析

【学习目标】

（1）能根据轴套图样，合理选择检验工具和量具。

（2）能根据轴套的测量结果，分析精度误差产生的原因。

【建议学时】

3 课时。

【学习地点】

车工实训场地。

【学习引导】

说明杠杆百分表（见图 4 - 40）的测量范围、结构组成、使用注意事项和简单测量原理。

图 4 - 40　杠杆百分表

测量范围：＿＿＿＿＿＿＿＿＿＿＿＿＿＿＿＿＿＿＿＿＿＿＿＿＿＿＿＿＿＿＿＿＿＿＿

结构组成：＿＿＿＿＿＿＿＿＿＿＿＿＿＿＿＿＿＿＿＿＿＿＿＿＿＿＿＿＿＿＿＿＿＿＿

＿＿

测量时注意事项：＿＿＿＿＿＿＿＿＿＿＿＿＿＿＿＿＿＿＿＿＿＿＿＿＿＿＿＿＿＿＿

＿＿

【知识链接】

杠杆百分表的使用操作

杠杆百分表是利用杆杆齿轮传动将测杆的直线位移变为指针的角位移的计量器具，主要用于比较测量和产品形位误差的测量。

一、使用前检查

（1）检查相互作用：轻轻移动测杆，表针应有较大位移，指针与表盘应无摩擦，测杆、指针无卡阻或跳动。

（2）检查测头：测头应为光洁圆弧面。

（3）检查稳定性：轻轻拨动几次测头，松开后指针均应回到原位。

（4）沿测杆安装轴的轴线方向拨动测杆，测杆无明显晃动，指针位移应不大于 0.5 个分度。

二、读数方法

读数时眼睛要垂直于表针，防止偏视造成读数误差。测量时，观察指针转过的刻度数目，乘以分度值得出测量尺寸。

三、正确使用

（1）将表固定在表座或表架上，稳定可靠。

（2）调整表的测杆轴线垂直于被测尺寸线。对于平面工件，测杆轴线应平行于被测平面；对圆柱形工件，测杆的轴线要与过被测母线的相切面平行，否则会产生很大的误差。

（3）测量前调零位。比较测量用对比物（量块）做零位基准。形位误差测量用工件做零位基准。调零位时，先使测头与基准面接触，压测头到量程的中间位置，转动刻度盘使 0 线与指针对齐，然后反复测量同一位置 2～3 次后检查指针是否仍与 0 线对齐，如不齐则重调。

（4）测量时，用手轻轻抬起测杆，将工件放入测头下测量，不可把工件强行推入测头下。显著凹凸的工件不用杠杆表测量。

（5）不要使杠杆表突然撞击到工件上，也不可强烈震动、敲打杠杆表。

（6）测量时注意表的测量范围，不要使测头位移超出量程。

（7）不使测杆做过多无效的运动，否则会加快零件磨损，使表失去应有精度。

（8）当测杆移动发生阻滞时，须送计量室处理。

四、维护与保养

（1）使表远离液体，不使冷却液、切削液、水或油与表接触。

（2）在不使用杠杆表时，要解除其所有负荷，让测量杆处于自由状态。

【评价与分析】

填写表 4-11。

表 4-11

序号	检测内容	检测项目及分值				测量情况		
		检测项目	配分		评分标准	自检结果	教师检测	得分
			IT	Ra				
1	件1	$\phi 48^{0}_{-0.05}$ Ra3.2	4	3	尺寸每超差0.01扣1分，表面粗糙度降一级扣1分。			
2		$\phi 40^{0}_{-0.05}$ Ra3.2	4	3				
3		$\phi 32^{+0.039}_{0}$ Ra3.2	4	3				
4		$\phi 25^{+0.05}_{0}$ Ra3.2	4	3				
5		51 ± 0.05	3	3				
6		22 ± 0.05	3	3				
7		26 ± 0.2	3	3	超差不得分			
8		9 ± 0.1	2					
9		内沟槽 $29^{+0.1}_{0}\times4\pm0.1$	2	2				
10		倒角（2处）、未注倒角 $0.3\times45°$	3		超差不得分			
11		锥度 1:5（半角 $5°42'38''$），Ra3.2	3	3	每超差2'扣1分			

序号	检测内容	检测项目及分值				测量情况		
		检测项目	配分		评分标准	自检结果	教师检测	得分
			IT	Ra				
12	件2	$\phi 48^{0}_{-0.05}$ Ra3.2	4	3	尺寸每超差0.01扣1分，表面粗糙度降一级扣1分			
13		$\phi 32^{+0.039}_{0}$ Ra3.2	4	3				
14		35 ± 0.04 Ra3.2	3	3				
15		倒角 $2 \times 45°$ $0.3 \times 45°$	2		超差不得分			
16		锥度表面粗糙度 Ra3.2	3		超差不得分			
17	配合件	4 ± 0.15	3		超差不得分			
18		圆锥配合表面接触面小于75%	7		超差不得分			
19		安全文明操作	5		工作服穿戴整齐工卡量具摆放整齐、操作完后认真保养机床满分，违章无分			
总分（100）：								
指导教师意见						指导教师： 年 月 日		

学习活动五　工作总结与评价

【学习目标】

（1）能根据自己完成的轴套配合件，正确检测。

（2）能根据自己完成轴套配合件的情况，进行总结。

（3）能主动获取有效信息，展示工作成果，对学习与工作进行反思总结，并能与他人良好合作，进行有效的沟通。

【建议学时】

3 课时。

【学习地点】

车工实训场地。

【学习引导】

根据自己完成轴的情况，回想完成的过程，自己学到了哪些知识？自己还存在哪些不足？应如何去改善？

_____

_____

_____

_____

_____

_____

_____

【评价与分析】

填写表 4-12、表 4-13。

表 4-12

序号	评 分 项 目	分值	小组评价 30%	教师评价 70%
1	紧扣主题，内容充实，文字优美	20		
2	声音洪亮，普通话标准流利	20		
3	表达清楚，语言流畅，声情并茂	15		
4	服装整洁，仪表端庄	15		
5	时间限制（限时 3～6 分钟）	10		
6	PPT 制作质量（内容、图片等）	20		
总分（100）：				
指导教师评价				
			指导教师： 年 月 日	

表 4-13

序号	评 分 项 目	分值（分）	成绩记录	总评成绩
1	零件质量	50		
2	工作页质量	10		
3	成果展示汇报	15		
4	考勤	10		
5	6S 执行（值日、机床卫生、量具摆放、工具柜设置）	5		
6	安全文明生产（穿工服、鞋、戴防护眼镜，车削规范操作）	5		
7	车间纪律（玩手机、睡觉、喧哗打闹、打牌、充电、乱丢垃圾等违纪）	5		
总分（100）：				
指导教师评价				
			指导教师： 年 月 日	

学习任务五
车削螺纹轴配合件

【学习目标】

（1）能根据螺纹轴零件图样，描述所加工螺纹轴零件的用途、功能和分类。

（2）能在正确识读图样和工艺卡的基础上查阅国家标准等相关资料。

（3）能规范地绘制三角螺纹图样，描述各种螺纹术语。

（4）能对外、内螺纹各部分尺寸进行正确计算。

（5）能正确选择螺纹车刀的材料和结构形式。

（6）能根据加工要求正确刃磨安装外、内螺纹车刀，并合理使用。

（7）能对外、内螺纹进行规范的车削。

（8）能够正确使用螺纹千分尺、螺纹环规对螺纹轴进行测量及质量分析。

（9）能按车间现场 6S 管理和产品工艺流程的要求，正确放置螺纹轴零件并进行质量检验和确认。

（10）能主动获取有效信息，展示工作成果，对学习与工作进行反思总结，能与他人合作，进行有效沟通。

【建议学时】

56 课时。

【工作情景描述】

某企业委托学校进行螺纹轴的加工，要求本班级 4 天内完成 50 件的来料加工任务，零件图样见图 5-1 至图 5-3。

【工作流程与内容】

学习活动一：车削螺纹轴配合件工艺分析　　　　4 课时

学习活动二：螺纹轴配合件的加工　　　　　　　47 课时

学习活动三：螺纹轴配合件的检验和质量分析　　3 课时

学习活动四：工作总结与评价　　　　　　　　　2 课时

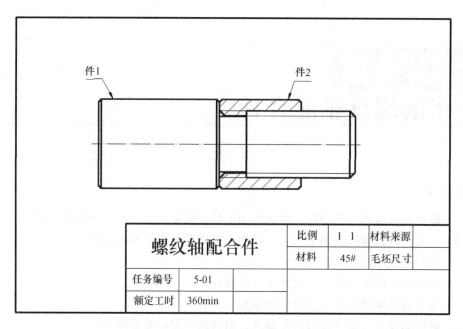

螺纹轴配合件		比例	1 1	材料来源	
		材料	45#	毛坯尺寸	
任务编号	5-01				
额定工时	360min				

图 5-1　螺纹轴零件图样 1

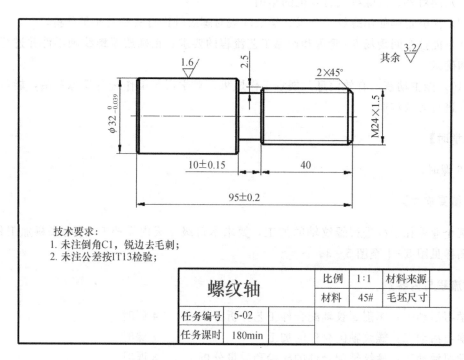

技术要求：
1. 未注倒角C1，锐边去毛刺；
2. 未注公差按IT13检验；

螺纹轴		比例	1:1	材料来源	
		材料	45#	毛坯尺寸	
任务编号	5-02				
任务课时	180min				

图 5-2　螺纹轴零件图样 2

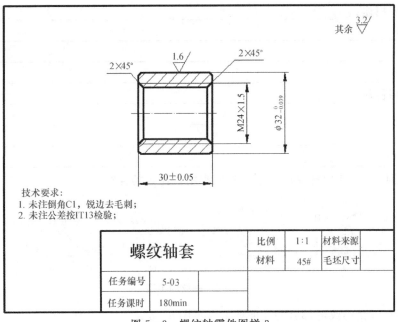

技术要求：
1. 未注倒角C1，锐边去毛刺；
2. 未注公差按IT13检验；

螺纹轴套	比例	1:1	材料来源	
	材料	45#	毛坯尺寸	
任务编号	5-03			
任务课时	180min			

图 5-3　螺纹轴零件图样 3

学习活动一　车削螺纹轴配合件工艺分析

【学习目标】

（1）能正确表述螺纹轴零件的功能与作用。

（2）能正确分析螺纹轴零件的图样，规范填写加工工艺卡。

（3）能掌握外、内螺纹车刀的几何参数与刃磨要求。

（4）能理解外螺纹车削时切削用量的概念，并掌握外、内螺纹车削时切削用量的选择方法。

（5）能够正确使用螺纹环规对螺纹轴进行质量判定。

（6）能够正确使用螺纹塞规对螺纹套进行质量判定。

（7）能合理确定车削螺纹轴零件的相关工具、量具、夹具、刃具。

（8）能按要求正确规范地完成本次学习活动工作页的填写。

【建议学时】

4 课时。

【学习地点】

车工实训场地。

【学习引导】

一、收集信息

（1）螺纹轴的主要用途是什么？螺纹轴常用材料有哪些？

1）主要用途：_____

_____

_____

2）常用材料：_____

_____

_____

（2）说明图 5-4 中螺纹的类型，它们都用在什么场合？

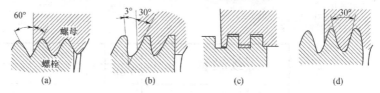

图 5-4　螺纹的类型

（3）指出三角螺纹各部分的几何要素（见图 5-5）。

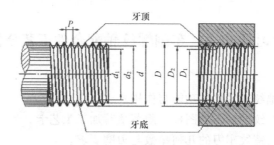

图 5-5　螺纹的几何要素

螺距：_____

外螺纹大径：_____外螺纹中径：_____外螺纹小径：_____

内螺纹大径：_____内螺纹中径：_____内螺纹小径：_____

（4）外三角螺纹螺旋线的形成原理是什么（见图 5-6）？

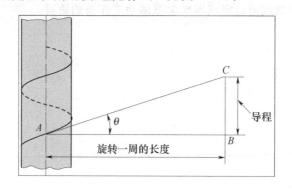

图 5-6　螺旋线的形成原理

106

(5) 如何判定外三角螺纹的旋向（见图5-7）？

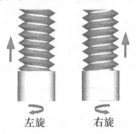

左旋　　右旋

图5-7　外三角螺纹的旋向

(6) 三角螺纹的螺距和导程有什么关系？

_____

(7) 加工本产品的内螺纹时，应如何确定内孔直径？如果是脆性材料时，内孔又如何确定？

_____

二、填写加工工艺卡表

根据前面的螺纹轴零件图样，试填写其加工工艺卡表5-1。

表5-1

（单位名称）	施工工艺卡	产品名称		图号			
		零件名称		数量		第　页	
材料种类		材料成分		毛坯尺寸		共　页	
工序	工步	工序内容	车间	设备	工具		计划工时	实际工时
					夹具	量刃具		
更改号			拟定	校正	审核	批准		
更改者								
日　期								

三、外螺纹车削时切削用量的确定

（1）由切削速度公式：$V_c = \dfrac{dn}{1000}$，其中，

在外螺纹车削时 d 指的是：_____

在外螺纹车削时 n 指的是：_____

进给量 f 指的是：_____

（2）当用高速钢外螺纹车刀车削 M24 外螺纹，工件材料如表 5－2 所示，请分别确定在粗车和精车时相应的切削用量三要素（切削深度 a_p 说明加工注意事项）。

表 5－2

刀具材料：高速钢 工件材料：45♯钢	切削用量		
	切削速度 V_c（或 n）	进给速度 f	切削深度 a_p
粗车			
精车			

学习活动二　螺纹轴配合件的加工

【学习目标】

（1）能按要求正确规范地填写螺纹轴加工工序卡片。

（2）能熟练地操作车床，通过机床上的各种手柄，迅速准确地调整出螺纹车削时所需的位置。

（3）能正确规范地装夹螺纹车刀等刀具。

（4）能正确合理地选择螺纹车刀等刀具的切削用量。

（5）能利用螺纹环规对所加工螺纹是否合格进行判定。

（6）能掌握螺纹轴零件尺寸的控制方法。

【建议学时】

47 课时。

【学习地点】

车工实训场地。

【学习引导】

重点知识
◆ 严格根据车间管理规定，规范地操作机床
◆ 能根据螺纹加工的特点，合理选择切削用量、明确操作中的注意要点
◆ 能掌握螺纹轴零件尺寸的控制方法

一、螺纹车刀的学习与准备

本次任务要求掌握外螺纹车刀的刃磨方法，并利用螺纹车刀进行试车，以验证其质量。

学习螺纹车刀的知识与刃磨技能时，可参照如下步骤进行（见图5-8、图5-9）。

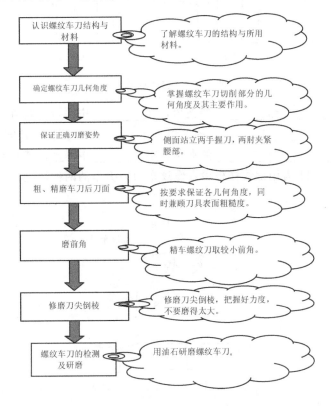

图 5-8　螺纹车刀的学习步骤

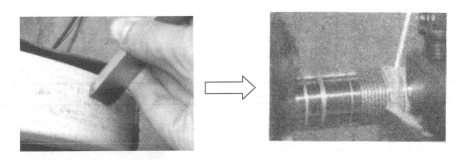

图 5-9　螺纹车刀准备

图5-10分别为高速钢粗车和精车螺纹刀，试比较它们的区别并说明为什么要采取这样的刀具角度？主要角度是多少？它们分别在哪个辅助平面中测量？

前角 γ_0：_____与_____的夹角，在_____中测量，其值是_____度。

主后角 α_0：_____与_____的夹角，在_____中测量，其值是_____度。

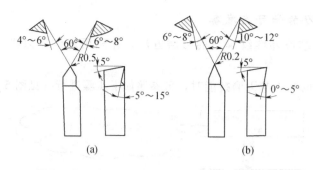

图 5-10　螺纹车刀角度

副后角 α_0'：_____与_____的夹角，在_____中测量，其值是_____度。

主偏角 Kr：_____与_____的夹角，在_____中测量，其值是_____度。

刀尖角 λs：_____与_____的夹角，在_____中测量，其值是_____度。

想一想，图 5-11 为用螺纹样板检查螺纹车刀刀尖角的两种情况，试说明哪一种情况是正确的，为什么？

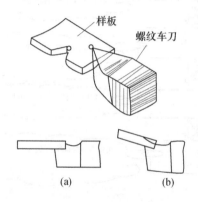

图 5-11　角度样板检查

二、螺纹车刀的刃磨

1. 填写螺纹车刀刃磨过程表（见表 5-3）

表 5-3

步　骤	刃　磨　内　容	提　示
粗磨主后刀面	刃磨要求： 刃磨方法：	

110

步　骤	刃　磨　内　容	提　示
粗磨副后刀面	刃磨要求： 刃磨方法：	
粗磨前面	刃磨要求： 刃磨方法：	
精磨前面	刃磨要求： 刃磨方法：	
精磨主后面、副后面	刃磨要求： 刃磨方法：	

步　骤	刃　磨　内　容	提　示
修磨刀尖	刃磨要求： 刃磨方法：	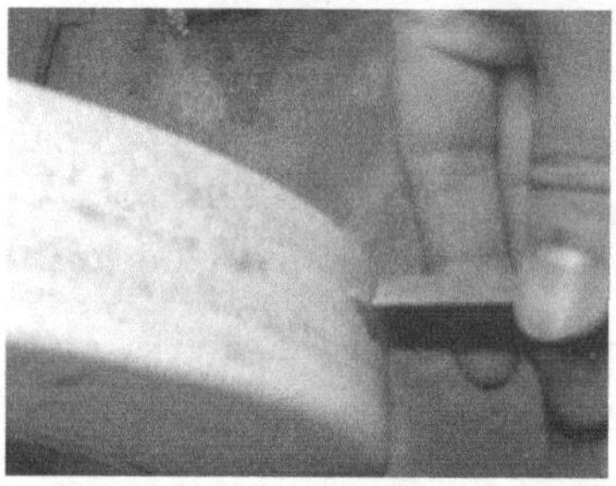
研磨各刀面	刃磨要求： 刃磨方法：	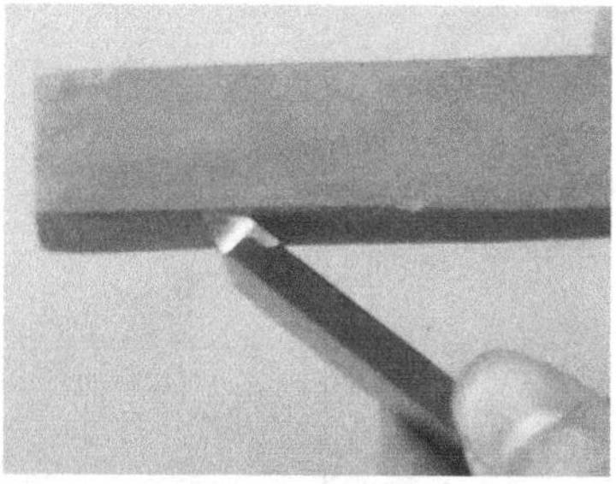

2. 操作提示

（1）磨刀时人的站立位置要正确，特别在刃磨整体式螺纹车刀时，不小心就会使刀尖角磨歪。

（2）刃磨高速钢车刀时，宜选用 80♯氧化铝砂轮，磨刀时压力应小于一般车刀，并及时用水冷却，以免过热而失去刀刃硬度，粗磨时也要用样板检查刀尖角，若磨有纵向前角的螺纹车刀，粗磨后的刀尖角略大于牙型角，待磨好前角后再修正刀尖角。

（3）刃磨螺纹车刀的刀刃时要稍带移动，这样容易使刀刃平直。

（4）车刀刃磨时应注意安全。

3. 评价与分析（见表 5-4）

表 5-4

检测内容	检测所用方法	检测结果	是否合格
前角			
主后角			
副后角			
主偏角			
副偏角			

检测内容	检测所用方法	检测结果	是否合格
刀尖倒棱			
切削刃直线度			
三个刀面粗糙度			
安全文明刃磨			

分析造成不合格项目的原因：

改进措施：

指导教师意见：

三、车三角形外螺纹

（1）想一想，在你遇到的车床上，当加工以下几种规格的螺纹时，机床上的各种手柄位置是怎样？如果用高速钢螺纹车刀加工 45♯钢的材料，其螺纹各部分尺寸是多少（见表 5-5）？

表 5-5

螺 纹 规 格	机床手柄位置	d（外圆直径）	d_2	d_1
M12				
M20				
M30×1.5				
M36×2				

（2）想一想，螺纹车刀的装夹有什么要求（见图 5-12）？

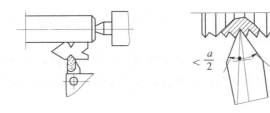

图 5-12　螺纹车刀装夹

（3）用车床丝杠螺距为 6mm 的车床车削螺距分别为 3mm 和 12mm 的两种螺纹，试分别判断是否会产生乱牙。

四、车螺纹时切削用量的选择

1. 低速车削普通外螺纹（塑性材料）

低速车削普通外螺纹时，应根据工件的材质、螺纹的牙型角和螺距的大小及所处的加工阶段（粗车或精车）等因素，合理选择切削用量。

（1）由于螺纹车刀两切削刃夹角较小，散热条件差，所以切削速度比车削外圆时_____（填高或低）。一般情况下，粗车时，切削转速约为 $n=100\text{r/min}$；精车时，切削转速约为 $n=53\text{r/min}$。

（2）螺纹车刀刚切入工件，选择较_____（填大或小）些的背吃刀量，以后每次的背刀吃量应逐步_____（填减少或增大）。

（3）车削螺纹必须要在一定的进给次数内完成。

2. 低速车削普通外螺纹（脆性材料）

（1）螺纹大径一般应车得比基本尺寸小_____ mm（约 $0.13P$）。保证车好螺纹后牙顶处有 $0.125P$ 的宽度（P 是工件螺距）。

（2）在车螺纹前先用车刀在工件平面上倒角至略小于螺纹小径。

（3）铸铁（脆性材料）工件外圆表面粗糙度要小，以免车螺纹时牙尖崩裂。

（4）车铸铁螺纹的车刀，一般选用_____（填牌号）硬质合金螺纹车刀。

3. 安全提示：车螺纹的注意事项

（1）车削螺纹前，应首先调整好床鞍和中滑板、小清板的松紧程度及开合螺母间隙。

（2）调整进给箱手柄时，车床在低速下操作或停机用手拨动卡盘。

（3）车削螺纹时思想要集中，特别是初学者在开始练习时，主轴转速不宜过高，待操作熟练后，逐步提高主轴转速，最终达到高速车削普通螺纹。

（4）车削螺纹时，应注意不可将中滑板手柄多摇一圈，否则会造成车刀刀尖崩刃或损坏工件。

（5）车削螺纹过程中，不准用手摸或用棉纱去擦螺纹，以免伤手。

（6）车削螺纹时，应始终保持螺纹车刀锋利，中途换刀或刃磨后重新装刀，必须重新调整螺纹车刀刀尖的高低再次对刀。

（7）出现积屑时应及时清除。

（8）车削无退刀槽螺纹时，应保证每次收尾均在 1/2 圈左右，且每次退刀位大致相同，否则容易损坏螺纹车刀刀尖。

（9）车削脆性材料螺纹时，背吃刀量不宜过大，否则会使螺纹牙尖爆裂，造成废品。低速精车螺纹时，最后几刀采取微量进给或无进给车削，以车光螺纹侧面。

4. 知识链接

（1）车无退刀槽螺纹。

车削无退刀槽螺纹时，先在螺纹的有效长度外用车刀刻一道刻线。当螺纹车刀移动到螺纹终止处时，横向迅速退刀并提起开合螺母或压下操纵杆让主轴反转，使螺纹收尾在 2/3 圈之内，如图 5-13 所示。用钢直尺或螺距规检查螺距如图 5-14 所示。

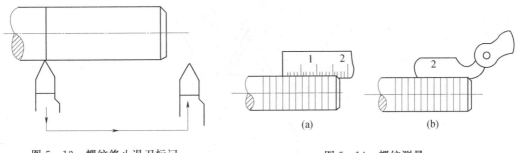

图 5-13　螺纹终止退刀标记

图 5-14　螺纹测量
(a) 钢直尺；(b) 螺距规

（2）高速车削普通螺纹。

在生产中普遍采用硬质合金车刀高速车削普通外螺纹。与高速钢螺纹车刀相比，其切削速度可提高 15～20 倍，进刀次数可减少 2/3 以上，生产效率大大提高，螺纹两侧面的表面粗糙度值也较小。

1）车刀的装夹：车刀的装夹方法与低速车普通外螺纹时装夹方法相同。为防止高速车削时产生振动和"扎刀"，刀尖应高于工件中心 0.1～0.2mm。此外，可采用如图 5-15 所示的弹性刀柄螺纹车刀，可以吸振和防止"扎刀"。

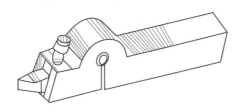

图 5-15　弹性刀柄

2）车削方法：用硬质合金螺纹车刀高速车削普通外螺纹时，只能用直进法进刀。转速 $n=600r/min$ 左右。车削螺距 $P=1.5～3mm$ 的中碳钢螺纹时，一般只需 3～5 次切削就可以完成。切削开始时，背吃刀量应大些，以后逐次减少，但最后一次切削的背吃刀量应不小于 0.1mm。以高速车削螺距 $P=1.5mm$（3 次切削完成）和 $P=2mm$（4 次切削完成）的普通外螺纹为例，背吃刀量的分配情况如表 5-6 和图 5-16 所示。

表 5-6

$P=1.5mm$	切削深度	$P=2mm$	切削深度
总背吃刀量	$a_p≈0.65$ $P=0.975mm$	总背吃刀量	$a_p≈0.65$ $P=1.3mm$
第一次背吃刀量	$a_p1=0.5mm$	第一次背吃刀量	$a_p1=0.6mm$
第二次背吃刀量	$a_p2=0.375mm$	第二次背吃刀量	$a_p2=0.4mm$
第三次背吃刀量	$a_p3=0.1mm$	第三次背吃刀量	$a_p3=0.2mm$
		第四次背吃刀量	$a_p4=0.1mm$

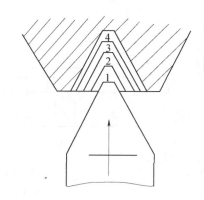

图 5-16 高速车削普通外螺纹背吃刀量分配情况

学习活动三 螺纹轴配合件的检验和质量分析

【学习目标】

（1）能根据螺纹轴图样，合理选择检验工具和量具。

（2）能正确规范地使用工量具，并对其进行合理保养和维护。

（3）能按要求正确规范地完成本次学习活动工作页的填写。

【建议学时】

3 课时。

【学习地点】

车工实训场地。

【学习引导】

一、填写螺纹轴零件质量检验单（见表 5-7）

表 5-7   轴 套 配 合 件 检 测 表

序号	检测内容	检测项目及分值				测量情况		
		检测项目	配分		评分标准	自检结果	教师检测	得分
			IT	Ra				
1	件 1	$\phi 32^{0}_{-0.039}$ Ra1.6	4	3	尺寸每超差 0.01 扣 2 分，表面粗糙度降一级扣 2 分			
2		10±0.05 Ra3.2	4	3				
3		95±0.2 Ra3.2	4	2	尺寸每超差 0.1 扣 2 分，表面粗糙度降一级扣 2 分			
4		2.5 Ra3.2	3	2				
5		40	3					
6		M24×1.5 Ra3.2	12	5	通规止规检测			
7		倒角 2×45°（1 处） 1×45°（3 处）	8		超差不得分			

116

序号	检测内容	检测项目及分值				测量情况		
		检测项目	配分		评分标准	自检结果	教师检测	得分
			IT	Ra				
8	件2	$\phi 32^{0}_{-0.039}$ Ra1.6	4	3	尺寸每超差0.01扣2分			
9		30±0.2 Ra3.2	4	3	尺寸每超差0.1扣2分			
10		M24×1.5 Ra3.2		5	表面粗糙度降一级扣2分			
11		倒角2×45°（2处）1×45°（2处）	8		超差不得分			
12	配合件	M24×1.5配合	15		超差不得分			
13		安全文明操作	5		工作服穿戴整齐工卡量具摆放整齐、操作完后认真保养机床满分，违章无分			

总分（100）：

指导教师意见	
	指导教师：　　　　年　月　日

二、三角形外螺纹中径的检测

（1）试说明用螺纹千分尺检测螺纹中径（见图 5-17）时的测量要点。

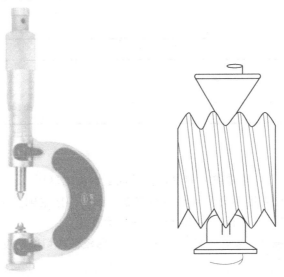

图 5-17　螺纹千分尺检测螺纹

（2）由螺纹千分尺的结构图（见图5-18），说明它的常用规格、结构组成和简单测量步骤。

常用规格：

结构组成：

测量步骤：

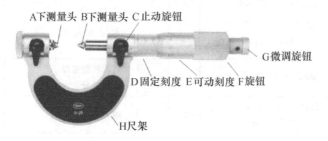

图5-18　螺纹千分尺结构

（3）说明用环规（见图5-19）测量螺纹时的测量要点。

测量要点：

图5-19　螺纹环规

三、车螺纹时产生废品的原因及预防方法（见表5-8）

表5-8

废品种类	产生原因（列举至少两种）	预防措施
螺距不正确		
牙型不正确		
表面粗糙度差		

【知识链接】

车螺纹时容易产生的问题和注意事项

（1）车螺纹前要检查组装交换齿轮的间隙是否适当。把主轴变速手柄放在空挡位置，用手旋转主轴（正、反），是否有过重或空转量过大现象。

（2）由于初学车螺纹，操作不熟练，一般宜采用较低的切削速度，并特别注意在练习操作过程中思想要集中。

（3）车螺纹时，开合螺母必须闸到位。如感到未闸好，应立即起闸，重新进行。

（4）车铸铁螺纹时，径向进刀不宜太大，否则会使螺纹牙尖爆裂，造成废品。在最后几刀车削时，可用趟刀方法把螺纹车光。

（5）车无退刀槽的螺纹时，特别注意螺纹的收尾在 1/2 圈左右退刀，要达到这个要求，必须先退刀，后起开合螺母。且每次退刀要均匀一致，否则会撞掉刀尖。

（6）车螺纹应始终保持刀刃锋利。如中途退刀或磨刀后，必须退刀以防破牙，并重新调整中滑板刻度。

（7）粗车螺纹时，要留适当的精车余量。

（8）车削时应防止螺纹小径不清、侧面不光、牙型线不直等不良现象出现。

（9）车削塑性材料（钢件）时产生扎刀的原因：

1）车刀装夹低于工件轴线或车刀伸出太长。

2）车刀前角或后角太大，产生径向切削力把车刀拉向切削表面，造成扎刀。

3）采用直进法时进给量较大，使刀具接触面积大，排屑困难而造成扎刀。

4）精车时由于采用润清较差的乳化液，刀尖磨损严重，产生扎刀。

5）主轴轴承及滑板和床鞍的间隙过大。

6）开合螺母间隙太大或丝杠轴向窜动。

（10）使用环规检查时，不能用力过大或用扳手强拧，以免环规严重磨损或使工件发生位移。

（11）车螺纹时应注意的安全问题：

1）调整交换齿轮时，必须切断电源，停车后进行。交换齿轮装好后要装上防护革。

2）车螺纹时是按螺距纵向进给，因此进给速度快。退刀和起开合螺母（或倒车）必须及时、动作协调，否则会使车刀与工件台阶或卡盘撞击而产生事故。

3）倒顺车换向不能过快，否则机床将受到瞬时冲击，容易损坏机件。在卡盘与主轴连接处必须安装保险装置，以防因卡盘在反转时从主轴上脱落。

4）车螺纹进刀时，必须注意中滑板手柄不要多摇一圈，否则会造成刀尖崩刃或工件损坏。

5）开车时，不能用棉纱擦工件，否则会使棉纱卷入工件，把手指也一起卷进而造成事故。

学习活动四　工作总结与评价

【学习目标】

（1）能展示工作成果，说明本次任务的完成情况，并作分析总结。

（2）能结合自身任务完成情况，正确规范地撰写工作总结。

（3）能按要求正确规范地完成本次学习活动工作页的填写。

【建议学时】

2 课时。

【学习地点】

车工实训场地。

【学习引导】

自评总结（心得体会）

_____

_____

_____

_____

【评价与分析】

填写表 5 - 9、表 5 - 10。

表 5 - 9

序号	评 分 项 目	分值（分）	小组评价 30%	教师评价 70%
1	紧扣主题，内容充实，文字优美	20		
2	声音洪亮，普通话标准流利	20		
3	表达清楚，语言流畅，声情并茂	15		
4	服装整洁，仪表端庄	15		
5	时间限制（限时 3～6 分钟）	10		
6	PPT 制作质量（内容、图片等）	20		
	总分（100）：			
指导教师评价			指导教师： 年 月 日	

表 5 - 10

序号	评 分 项 目	分值（分）	成绩记录	总评成绩
1	零件质量	50		
2	工作页质量	10		
3	成果展示汇报	15		
4	考勤	10		
5	6S 执行（值日、机床卫生、量具摆放、工具柜设置）	5		
6	安全文明生产（穿工服、鞋，戴防护眼镜，车削规范操作）	5		
7	车间纪律（玩手机、睡觉、喧哗打闹、打牌、充电、乱丢垃圾等违纪）	5		
	总分（100）：			
指导教师评价			指导教师： 年 月 日	

学习任务六
车削偏心轴

【学习目标】

（1）根据本任务查阅国家标准等相关资料，计算有关尺寸，制订加工工艺，填写工艺卡片。

（2）能掌握偏心轴车削中的相关尺寸计算。

（3）能掌握偏心轴的加工方法。

（4）能掌握滚花的种类及作用。

（5）能掌握滚花刀在工件上的挤压方法及挤压要求。

（6）能正确选择单球手柄车削的方法。

（7）能根据加工要求，正确使用样板测量工件。

（8）能主动获取有效信息，展示工作成果，对学习与工作进行反思总结，并能与他人开展良好合作，进行有效的沟通。

【建议学时】

56 课时。

【工作情景描述】

某企业委托学校进行偏心轴的加工，要求本班级 5 天内完成 50 件的来料加工任务，见图 6-1 零件图样。

【工作流程与内容】

学习活动一：偏心轴工艺分析　　　　　　　　　　3 课时

学习活动二：工具、量具、夹具、刃具的学习与准备　　3 课时

学习活动三：偏心轴的车削　　　　　　　　　　　44 课时

学习活动四：偏心轴零件的检验和质量分析　　　　3 课时

学习活动五：工作总结与评价　　　　　　　　　　3 课时

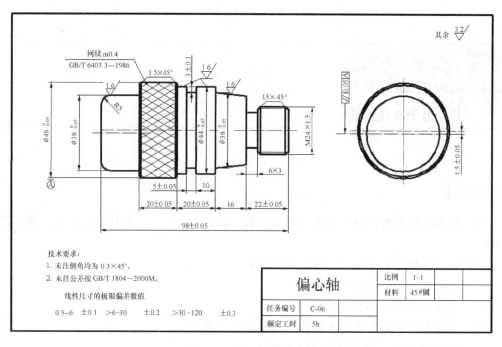

技术要求：
1. 未注倒角均为 0.3×45°。
2. 未注公差按 GB/T 1804—2000M。

线性尺寸的极限偏差数值

| 0.5—6 | ±0.1 | >6—30 | ±0.2 | >30—120 | ±0.3 |

偏心轴	比例	1:1	
	材料	45#钢	
任务编号	C-06		
额定工时	5h		

图 6-1 偏心轴零件图样

学习活动一 偏心轴工艺分析

【学习目标】

（1）能正确分析偏心轴的图样，规范填写加工工艺卡。

（2）能掌握偏心轴车削中的相关尺寸计算。

（3）能掌握滚花及成形面的画法。

（4）能掌握滚花的种类及作用。

（5）能合理确定车削的相关工具、量具、夹具、刃具。

（6）能按要求正确规范地完成本次学习活动工作页的填写。

【建议学时】

3 课时。

【学习地点】

车工实训场地。

【学习引导】

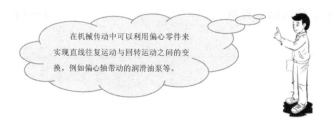

在机械传动中可以利用偏心零件来实现直线往复运动与回转运动之间的变换，例如偏心轴带动的润滑油泵等。

122

一、收集信息

（1）说说图 6-2、图 6-3 中偏心轴零件的作用。

图 6-2　发动机曲轴　　　　　　　图 6-3　压缩机曲轴

（2）滚花的主要作用是什么？滚花的种类有哪些？

1）主要作用：

2）滚花的种类（见图 6-4）：

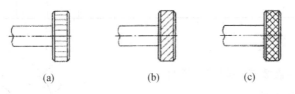

图 6-4　滚花的种类

（3）图 6-5 中所示零件的部分表面是由曲线组成的，因此称为成形面零件。请你写出图 6-6 中零件的名称。

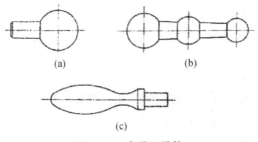

图 6-5　成形面零件

二、填写加工工艺卡

根据偏心轴零件图样，填写以下加工工艺卡（见表 6-1）。

表 6-1　　　　　　　　　　　　　　　　加工工艺卡

（单位名称）　施工工艺卡	产品名称		图号		
	零件名称		数量		第　页
材料种类	材料成分		毛坯尺寸		共　页

工序号	工序内容	车间	设备	工具		计划工时	实际工时
				夹具	量刃具		

更改号		拟定	校正	审核	批准	
更改者						
日　期						

【知识链接】

用三爪自定心卡盘装夹车削偏心工件

一、偏心距的计算

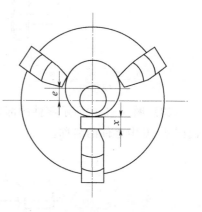

图 6-6　用三爪自定心卡盘
装夹车削偏心工件

对于长度较短的偏心工件，可以在三爪自定心卡盘上增加一块垫片，使工件产生偏心后再车削。其加工原理如图 6-6 所示。

实际生产中，按照下式计算垫片厚度：

$$\chi = 1.5e \pm k$$
$$k \approx 1.5\Delta e$$

其中：χ——垫片厚度（mm）；

　　　e——偏心距（mm）；

　　K——偏心距修正值，正负值按照实际测量结果确定（mm）；

　　Δe——试切后实测偏心距误差（mm）。

二、偏心距的检测

方法一：用图 6-7 所示方法检查偏心距，测量时，用分度值为 0.02mm 的游标卡尺（或深度游标尺）测量两外圆间最高点与最低点之间的距离，最后求得的偏心距等于二者差值的一半。即：$e=(a-b)/2$。

124

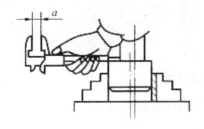 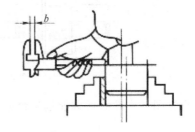

图 6-7　用游标卡尺测量偏心距

方法二：如果使用百分表检测偏心距，将百分表测量触头接触工件外圆表面，卡盘缓慢转过一周后，百分表读数的最大值和最小值之差的一半即为偏心距，如图 6-8 所示。

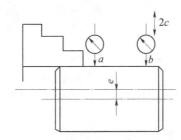

图 6-8　用百分表校正偏心工件

学习活动二　工具、量具、夹具、刃具的学习与准备

【学习目标】

（1）能掌握偏心距的计算方法，准备合适的垫片。

（2）能掌握滚花刀的名称与选用方法。

（3）能掌握成形面车刀结构、用途、角度。

（4）能掌握圆头车刀几何形状、刃磨方法。

【建议学时】

3 课时。

【学习地点】

车工实训场地。

【学习引导】

一、滚花刀的学习与准备

1. 滚花花纹的选择

（1）根据图样，我们选择图 6-9 中哪种花纹_____。

图 6 - 9　网纹种类

（2）根据图样中花纹，你能选出合适的刀具吗（见图 6 - 10）？

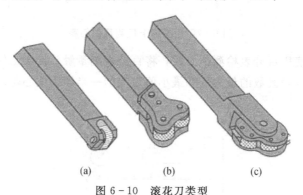

　　(a)　　　　　　　　(b)　　　　　　　(c)

图 6 - 10　滚花刀类型

（a）直纹滚花刀；（b）两轮网纹滚花刀；（c）三轮网纹滚花刀

2. 滚花刀的选择

花纹有粗细之分，并用模数 m 区分。模数越＿＿＿＿＿＿，花纹越＿＿＿＿＿＿。滚花的花纹粗细应根据工件滚花表面的＿＿＿＿＿＿大小选择，＿＿＿＿＿＿选用大模数花纹，＿＿＿＿＿＿则选用小模数花纹。

二、圆头车刀的学习与准备

1. 成形面加工原理

把车刀刀刃磨成与工件成形面轮廓＿＿＿＿＿＿，即得到成形车刀或称样板车刀，用成形车刀只需一次横向进给即可车出成形面。

2. 常用成形车刀

常用的成形车刀有以下三种：

（1）普通成形车刀：与普通车刀相似只是刃磨成＿＿＿＿＿＿刀刃。精度要求低时可用＿＿＿＿＿＿刃磨，精度要求高时，应在＿＿＿＿＿＿上刃磨，如图 6 - 11 所示。

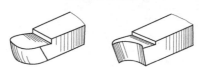

图 6 - 11　成形车刀

（2）棱形成形刀：由＿＿＿＿＿＿和＿＿＿＿＿＿刀体两部分组成，两者用燕尾装夹，用螺钉紧固。按工件形状在工具磨床上用＿＿＿＿＿＿砂轮将刀头的成形刃磨出，此外还要将＿＿＿＿＿＿磨出一个等于径向前角与径向后角之和的角度。刀体上的燕尾槽做成具有一个等于径向后角的倾角，这样装上刀头后就有了径向后角，同时使前刀面也恢复到径向前

126

角，如图 6-12 所示。

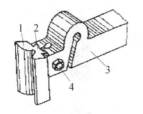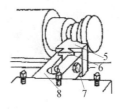

图 6-12　棱形成形刀

1、5 ＿＿＿＿＿＿；2、6 ＿＿＿＿＿＿；3、8 ＿＿＿＿＿＿；4、7 ＿＿＿＿＿＿

（3）圆形成形刀：也由＿＿＿＿＿＿＿和＿＿＿＿＿＿＿组成（见图 6-13），两者用螺柱紧固。在＿＿＿＿＿＿＿与＿＿＿＿＿＿＿的贴合侧面都做出端面齿，这样可防止刀头转动。＿＿＿＿＿＿＿是一个开有缺口的圆轮，在缺口上磨出成形刀刃，缺口面即前刀面，在此面上磨出合适的＿＿＿＿＿＿＿。当成型刀刃低于圆轮的中心，在切削时自然就产生了径向＿＿＿＿＿＿＿。因此，可按所需的径向后角 α_p（一般为 $6°\sim10°$）求出成形刀刃低于圆轮中心的距离 $H=D/2\sin\alpha_p$。式中：$D＝$圆轮直径。棱形和圆形成形车刀精度高，使用寿命长，但是制造较复杂。

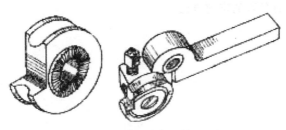

图 6-13　圆形成形刀

三、刃磨圆头车刀

（1）练习使用砂轮机刃磨图 6-14 中的圆头车刀（根据本校情况来确定圆弧的尺寸）。

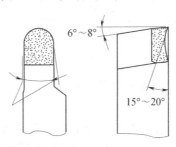

图 6-14　圆头成形刀

127

（2）用相应的 R 规（见图 6-15）随时检查圆弧的精度。

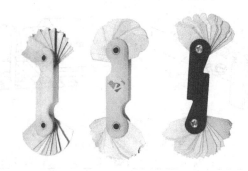

图 6-15　R 规

学习活动三　偏心轴的车削

【学习目标】

（1）能掌握偏心距的车削方法。

（2）能掌握偏心距的测量方法。

（3）能掌握滚花的车削方法。

（4）能掌握成形面车刀的车削方法。

【建议学时】

44 课时。

【学习地点】

车工实训场地。

【学习引导】

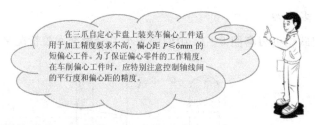

在三爪自定心卡盘上装夹车偏心工件适用于加工精度要求不高，偏心距 $P \leqslant 6mm$ 的短偏心工件。为了保证偏心零件的工作精度，在车削偏心工件时，应特别注意控制轴线间的平行度和偏心距的精度。

（1）请根据图样的要求，计算偏心垫片的厚度。

（2）滚花前尺寸的确定。

由于滚花时工件表面产生_____变形，所以在车削滚花外圆时，应根据工件_____的性质和滚花_____的大小。将滚花部位的外圆车小 $(0.2 \sim 0.5)P$ 或 $(0.8 \sim 1.6)m$，其中 P 为节距，m 为模数。图样中滚花前外圆应加工为 $\phi = $ _____ mm。

【操作提示】

1．车削偏心工件的注意事项

（1）选择垫片时，确保垫片材料有一定硬度，以防止其在装夹时变形。

（2）车偏心零件时，宜采用高速钢车刀，若使用硬质合金车刀车削零件时，为防止刀头碎裂，车刀应有一定刃倾角。

（3）由于工件具有偏心，开车前车刀不宜靠近工件，以防止工件碰击车刀。

（4）为了保证偏心轴两轴线的平行度，装夹零件时应使用百分表校正工件外圆，使外圆侧线与车床主轴轴线平行。

（5）装夹后为了校验偏心距，可以使用百分表进行测量。如果检测后发现超差，则应该调整垫片厚度后再正式车削。

（6）在三爪自定心卡盘上车削偏心件，一般仅适用于加工精度要求不高，偏心距在10mm以下的短偏心工件。

2．滚花刀的装夹

（1）滚花刀的装夹在车床刀架上方，滚花刀的滚轮中心与工件回转中心等高。

（2）滚压有色金属或滚花表面要求较高工件时，滚花刀滚轮轴线与工件轴线平行，如图6-16所示。

（3）滚压碳素钢或滚花表面要求一般的工作时可使滚花刀刀柄尾部向左偏斜3°～5°安装，如图6-17所示，以便于切入工件表面且不易产生乱纹。

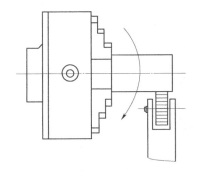
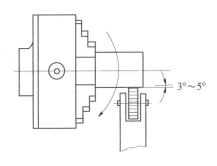

图 6-16　滚花刀平行安装　　　　　图 6-17　滚花刀倾斜安装

3．滚花步骤与要点

（1）在滚花刀接触工件开始滚压时，挤压力要大且猛一些，使工件圆周上一开始就形成较深的花纹，这样不易产生乱纹。

（2）为了减少开始时的径向压力，可用滚花刀宽度的二分之一或三分之一进行挤压，或把滚花刀尾部装的略向左偏一些，使滚花刀与工件表面产生一个很小的夹角，这样滚花刀就容易切入工件表面。当停车检查花纹符合要求后，即可纵向机动进给，这样滚压一至二次就可完成。

（3）滚花时，应充分浇注车削液润滑滚轮和防止滚轮发热损坏，并经常清除压轮产生的切屑。

（4）滚轮时，应选低的切削速度，一般为 5~10m/min，比向进给量可选择大些，一般为 0.3~0.6mm/r。

（5）滚花时径向压力很大，所用设备应刚度较高，工件必须夹牢靠。由于滚花的出现，工件移动难以完全避免，所以车削带有滚花表的工件时，滚花应在粗车之后、精车之前进行。

4. 滚花时注意事项

（1）滚花时产生乱纹的原因。

1）滚花开始时，滚花刀与工件接触面太大，使单位面积压力变小，易形成花纹微浅，出现乱纹。

2）滚花刀转动不灵活，或滚刀槽中有细屑阻塞，有碍滚花刀压入工件。

3）转速过高，滚花刀与工件容易产生滑动。

4）滚轮间隙太大，产生径向跳动与轴向窜动等。

（2）直花纹时，滚花刀的齿纹必须与工件轴心线平行，否则挤压的花纹不直。

（3）在滚花过程中，不能用手和棉纱去接触工件滚花表面，以防伤人。

（4）细长工件滚花时，要防止顶弯工件。薄壁工件要防止变形。

（5）压力过大，给量过慢，压花表面往往会滚出台阶形凹坑。

5. 球面加工的方法

（1）车球面时，对纵、横向进给的移动速度对比分析如图 6-18 所示。车刀从 a 点出发，经过 b 点到 c 点纵向进给的速度是快—中—慢，横向进给的速度是慢—中—快，即纵向进给是减速度，横向进给是加速度。

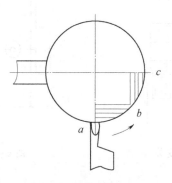

图 6-18 车圆球时纵、横速度的变化

（2）车单球手柄时，一般是车圆球直径 D 和和柄部直径 d 以及 L 的长度留有精车余量 0.15mm 左右。然后用 R2 左右的小圆头车刀从 a 点向左右方向逐步余量车去，如图 6-19所示，并在 c 点处用切断刀修清角。

（3）修整。由于手动进给车削工件表面往往会留下高低不平的痕迹，因此，必须用锉刀、砂布进行表面抛光。

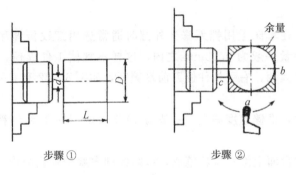

步骤①　　　　　　　　　步骤②

图 6-19　车单球手柄步骤

6. 成型面零件的加工方法

（1）用样板刀车成型面。所谓样板刀，是指刀具车削部分的形状刃磨的和工件加工部分形状相似，这样的刀具就是样板刀。

样板刀按加工要求可做成各种式样，如图 6-20 所示，其加工精度，主要靠刀具保证，由于车削时接触面积较大，因此，车削抗力也大，容易出现震动和工件移位，为此，切削速度应取小些，工件装夹必须牢固。

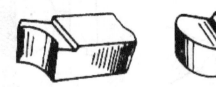

图 6-20　样板刀

（2）双手控制法车成形面（如图 6-21 所示）。在单件加工时，通常用双手控制法车成形面，即可双手同时摇动小滑板手柄和中滑板手柄，并通过双手协调的动作，使刀尖走过的轨迹与所要求的成形面曲线相仿，这样，就能车出需要的成形面。双手控制法成形面的特点是灵活方便，不需要其他补助的加工工件，但需较高的技术水平。

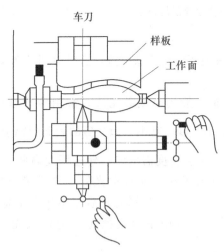

图 6-21　双手控制法车削手柄

131

7. 修整的方法

（1）锉刀修光。在车床上用锉刀修光外圆时通常选用细纹板锉和精细纹板锉（油光锉）进行，其锉削余量一般为 0.03mm 之内，这样不宜使工件锉偏，在锉削时，为了保证安全，最好用左手握柄，右手扶住锉刀前端锉削，如图 6-22 和 6-23 所示，避免钩衣伤人。

在车床上锉削时，推锉速度需慢（一般为 40 次/min 左右）缓慢移动前进，否则会把工件锉偏或呈节状。

锉削时最好在锉齿面上涂一层粉笔灰，以防锉削滞塞子锉齿缝内，并要经常用铜丝刷清理齿缝，这样才能锉削出较好的工件表面。

锉削时转速需选得合理。转速太高，容易磨钝锉齿，转速太低，容易把工件锉偏。

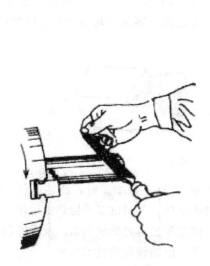 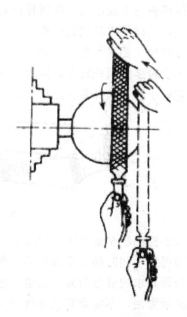

图 6-22　在车床上锉削的姿势　　　　图 6-23　球面锉削

（2）砂布抛光。

工件经过锉削以后，其表面仍有细微痕迹，这时可用砂布抛光。砂布的型号和抛光方法如下。

在车床上抛光用的砂布一般用金刚砂制成，常用砂布型号有：00 号、0 号、1 号、$1\frac{1}{2}$ 号和 2 号等。其号数越小，砂布越细，抛光后的表面粗糙度值越低。

使用砂布抛光工件时，移动速度需均匀，转速因此高些。抛光的工件一般是将砂布垫在锉刀下面进行，这样比较安全，而且抛光的工件质量也较好，也可用手直接捏住砂布进行抛光，如图 6-24 所示。成批抛光最后用抛光夹抛光，如图 6-25 所示，把砂布垫在木制抛光夹的圆弧中，再用手捏紧抛光夹进行抛光，也可在细砂布上加机油抛光。

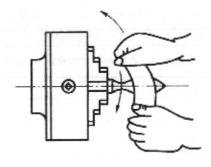

图 6-24 用砂布抛光工件

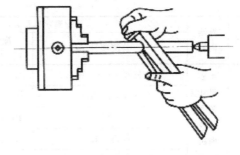

图 6-25 用抛光夹抛光工件

学习活动四 偏心轴的检验和质量分析

【学习目标】

（1）能根据偏心轴图样，合理选择检验工具和量具。

（2）能根据单球手柄的测量结果，分析形状和位置误差产生的原因

（3）能正确规范地使用工量具，并对其进行合理保养和维护。

【建议学时】

3 课时。

【学习地点】

车工实训场地。

【学习引导】

填写表 6-2。

表 6-2

序号	检测内容	检测项目及分值				测量情况		
		检测项目	配分		评分标准	自检结果	教师检测	得分
			IT	Ra				
1	主要尺寸精度和表面粗糙度	$\phi 38^{0}_{-0.05}$	4	0	尺寸每超差0.01扣2分，表面粗糙度降一级扣2分	4		
2		$\phi 44^{0}_{-0.05}$ Ra1.6	4	3		7		
3		$\phi 38^{0}_{-0.05}$ Ra1.6	4	3		7		
4		98±0.05 Ra3.2	3	2		4		
5		20±0.05 Ra3.2	3	2		4		
6		20±0.05 Ra3.2	3	2		4		
7		5±0.05 Ra3.2	3	2		4		
8		$\phi 48 \pm 0.2$	3		尺寸每超差0.1扣2分，表面粗糙度降一级扣2分	2		
9		22±0.1	3	2		4		
10		3±0.1 Ra3.2	3	2		4		
11		槽6×3 Ra3.2	3	3		4		
12		倒圆R5 Ra3.2	5	3		8		

序号	检测内容	检测项目及分值				测量情况		
		检测项目	配分		评分标准	自检结果	教师检测	得分
			IT	Ra				
13	主要尺寸精度和表面粗糙度	滚花网纹 m0.4 Ra3.2	6	4	超差不得分	8		
		锥度 1：5 Ra1.6	6	3		8		
14		M24×1.5	10	3		13		
15		倒角 4 处	4		超差不得分	4		
16		倒角 0.3×45°	2		超差不得分	2		
17	偏心距	1.5±0.05	3		超差不得分	3		
18		// 0.05 A	2		超差不得分	2		
19		安全文明操作	5		工作服穿戴整齐工卡量具摆放整齐、操作完后认真保养机床满分，违章无分	5		
		总分（100）：						
	教师总评意见							

学习活动五 工作总结与评价

【学习目标】

（1）能展示工作成果，说明本次任务的完成情况，并作分析总结。

（2）能结合自身任务完成情况，正确规范地撰写工作总结（心得体会）。

（3）能就本次任务中出现的问题，提出改进措施。

（4）能对学习与工作进行反思总结，并能与他人开展良好合作，进行有效的沟通。

（5）能按要求正确规范地完成本次学习活动工作页的填写。

【建议学时】

3 课时。

【学习地点】

车工实训场地。

【学习引导】

自我总结（心得体会）

_____

_____

_____

_____

_____

_____

_____

_____

_____

【评价与分析】

填写表 6 - 3、表 6 - 4。

表 6 - 3

序号	评 分 项 目	分值 （分）	小组评价 30%	教师评价 70%
1	紧扣主题，内容充实，文字优美	20		
2	声音洪亮，普通话标准流利	20		
3	表达清楚，语言流畅，声情并茂	15		
4	服装整洁，仪表端庄	15		
5	时间限制（限时 3～6 分钟）	10		
6	PPT 制作质量（内容、图片等）	20		
总分（100）：				

指导教师评价		指导教师： 年 月 日

表 6 - 4

序号	评 分 项 目	分值 （分）	成绩记录	总评成绩
1	零件质量	50		
2	工作页质量	10		
3	成果展示汇报	15		
4	考勤	10		
5	6S 执行（值日、机床卫生、量具摆放、工具柜设置）	5		
6	安全文明生产（穿工服、鞋，戴防护眼镜，车削规范操作）	5		
7	车间纪律（玩手机、睡觉、喧哗打闹、打牌、充电、乱丢垃圾等违纪）	5		
总分（100）：				

指导教师评价		指导教师： 年 月 日